大樂文化

大樂文化

麥肯錫時間分配好習慣

20 張圖、8 個原則，
讓你每一分鐘都比別人有效率！

★熱銷再版★

李志洪——著

前言　成就的高低，取決於時間分配的效率！　007

第1章　任務來臨時，麥肯錫習慣盡早擬定計畫　011

●【5W2H原則】先問為什麼要做這件事？再問……　012
圖1　以家電商品為例，得搞清楚7問題　018
●【WBS結構】將任務逐級分解，不再重複和遺漏　020
圖2　用WBS分解專案任務（以樹狀圖呈現）　023
圖3　用WBS分解產品客服（以清單呈現）　023
圖4　用WBS解決你的生活大小事　027
●【PERT技術】建立網絡圖，管理計畫的進度和資源　029
圖5　將計畫的各項活動繪製成PERT網絡圖　032
●突發狀況怎麼辦？釐清3問題就能迎刃而解　036

CONTENTS

第2章 任務執行時，麥肯錫習慣先做最重要的事 047

- 【優先原則】緊急且重要的事，排在第一順位 048
- 圖6 依照重要性與緊急性，建構四象限圖 051
- 【兩分鐘原則】立刻做2分鐘可完成的事，以免事態升級 055
- 【80／20法則】用80％的精力，處理最重要20％的事 063
- 圖7 如何根據自己的生理節奏安排任務？ 068
- 同類的瑣事集中辦理，速度會比別人快2倍 072
- 習慣做好「細節管理」，避免留下隱患 079
- 如何養成「果斷決策」的習慣？ 087
- 圖8 透過3步驟思考，快速做出決定 091
- 資料太多太雜時，該怎麼充分準備？ 094
- 圖9 從蒐集到呈現資料，應有的態度和工具 099
- 如何分配任務？你得這樣授權部屬和同事 101
- 圖10 牢記3重點，成功獲得同事奧援 107

第3章 任務太多時，麥肯錫習慣採取的拒絕模式 115

● 怎麼搞定跨部門合作的門戶之見？ 116
圖11 根據合作人數多寡，用不同的溝通方式 120
● 你是否一講電話就落落長？有這個狀況最好…… 124
圖12 節省電話使用時間有3訣竅 125
● 怎麼拒絕額外的工作，還不會「變黑」？ 133
圖13 掌握5關鍵，巧妙推掉額外工作 137
● 主管是造成你時間分配問題的殺手嗎？ 143
圖14 與主管討論工作分配，須注意7要點 147
● 主管千萬別做救火隊，因為…… 152
圖15 高明的主管善用會議，處理部屬問題 155

CONTENTS

第4章 任務卡住時，麥肯錫習慣運用的解套思維 165

● 下班前做2件事，可以改善拖延症候群 166
● 利用零碎時間，你一年多完成365件事！ 173
圖16 把握工作與日常生活的4空檔 176
●【一次原則】一次搞定能節省重複做的時間 182
● 預留休閒時間，因為腦袋清楚能更快完成事情 188
圖17「番茄工作法」讓你在緊繃中鬆一口氣 191
圖18 成功者都這樣平衡工作與生活 194
● 為何負面情緒是做事的頭號敵人？ 198
圖19 繼續拖延vs立刻行動，差別在於⋯⋯ 203
●【學無止境原則】充實技能是提升效率的王道 207
圖20 用5訣竅大幅激發你的學習力 213

前言

成就的高低，取決於時間分配的效率！

每天有二十四小時，是人們廣泛認可的公理。在現實生活中，藝術大師達文西、音樂巨匠歌德、知名企業家經手的工作，在質和量方面，都遠遠超過其他同樣擁有二十四小時卻碌碌無為的人。這兩種不同的人雖然每天擁有相同的時間，取得的成果卻是天壤之別。

音樂家莫札特僅僅活了三十五歲，一生中創作超過六百首作品。與他相比，活了七、八十年卻沒有佳作流傳的音樂家顯得十分平庸。莫札特的一生看似簡短，其實每分每秒都比一般人長得多。從這方面來說，這兩種人擁有的時間是多麼不平等！

同樣地，歌德和達文西也都用有限的時間獲得卓越的成就。歌德不僅活躍在政界成就斐然，而且有詩歌、戲劇、繪畫及小說等多種形式的作品廣為流傳，還在光學、植物學、地質學、礦物學及解剖學等方面貢獻良多。他的小說《少年維特的煩惱》、詩劇《浮士德》更是舉世聞名，自傳也備受歡迎。

達文西除了創造眾所周知的藝術成就之外，還廣泛研究天文、物理、地理、建築、兵器、機械、植物等，幾乎成為文藝復興的最終理想——萬能之人。達文西不僅有畫作《蒙娜麗莎的微笑》、《最後的晚餐》流傳於世，還有著作《繪畫論》。此外，他的空氣力學研究更啟發後世發明降落傘和直升機。

這些留下偉大事蹟的人們成功地運用時間，邁向人生最高峰。其實，他們之所以可以功成名就，就在於科學地管理時間，使時間得到充分利用。那麼，我們該如何讓自己的每一分鐘都比別人有效率呢？

在這個資訊飛速發展的時代，人們面臨多樣的選擇，承受的壓力增大，而感到心神疲憊不堪。即便擁有先進的工具和設備，又增加工作時間，每天依然有做不完的事情，被時間追著跑。

這時候，我們應該學習時間管理來籌畫和分配時間，以重新塑造人生目標，並有效利用時間，使生活與工作不再一團糟，進而實現每一分鐘比別人有效率的願望，讓自己每天比別人多出一小時。

多出來的這一小時，讓我們擁有與朋友相聚、自我充電的時間，促使自己在事業上有更多成功機會，還可以參加有益身心的休閒活動。如此一來，我們將生活得更加充實，有利於事業開拓和家庭和睦。

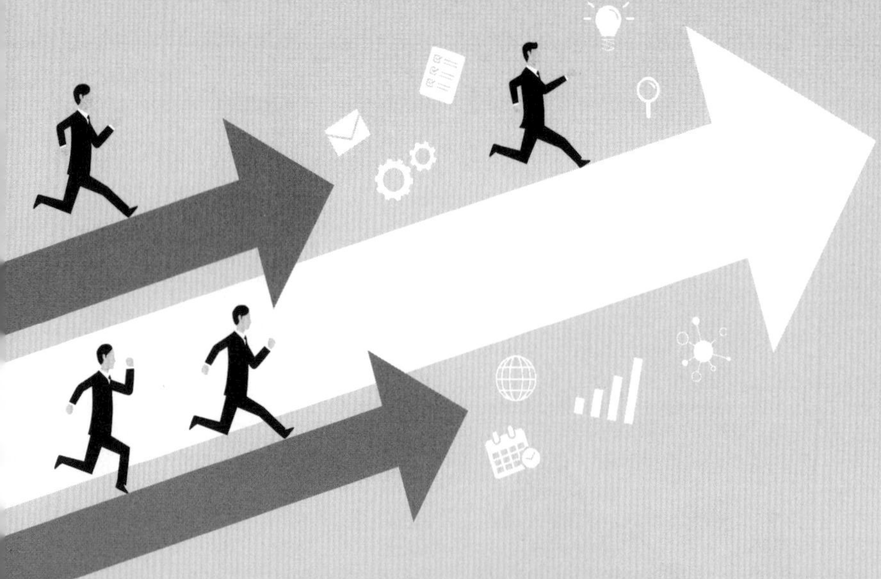

第 1 章

任務來臨時，麥肯錫習慣盡早擬定計畫

【5W2H原則】先問為什麼要做這件事？再問……

麥肯錫對工作計畫的要求不只是必須做，還要做到好。所謂的好，是強調計畫的可操作性，而非形式上的華麗。因此，麥肯錫要求顧問，在制定一項計畫之前，必須依循5W2H原則，廣泛且周密地進行分析與判斷。如此一來，計畫才會靈活、有原則、可操作。

想提早解決任務，用5W2H原則提問

5W2H原則起源於第二次世界大戰，由美國陸軍兵器修理部所發明。根據這項原則，我們在決策、計劃、行動之前，要透過七個問題，包括：Why、What、

When、Where、Who、How、How much，進行全面思考，以避免出現遺漏。

5W2H原則被廣泛運用於各類企業、政府部門的管理和決策層面，特別是用在擬定計畫前。以制定一項計畫為例，5W2H原則的主要內容如下：

- **Why（為什麼要做）**：即制定計畫的原因為何。唯有找到計畫的目的，才能針對目的制定計畫，並評估任務的可行性。我們找到制定計畫的目的和意義之後，在後期的實施過程中，更可以激發執行者的動力。
- **What（任務的內容和達成的目標是什麼）**：即任務的具體內容和想要達成的效果。在找到任務內容與目標之後，將制定計畫的過程中可利用的資料都考慮進去，同時摒除不必要的干擾，便能確保計畫更簡潔、邏輯更清晰。
- **When（在什麼時段進行）**：即初步確定任務的開始和完成時間、中間重要步驟的階段。這是為了控制整體任務的節奏，並評估各項資源。
- **Where（任務地點在哪裡）**：即展開地點和實施場所，預估完成任務所需的環境、條件等，以便安排合適的空間。

- **Who（哪些人員參加任務／由誰負責）**：即確定任務的負責人、團隊成員。有時，一項長期、重大、複雜的任務需要涵蓋多個階段或是多個部門的合作。因此，我們可以根據任務的不同階段，寫出各階段的負責人、具體執行者。另外，整個程序的必要合作人與最終審核人，都應該列在計畫中。
- **How（用什麼方法進行）**：即完成任務需要使用的方法、步驟。
- **How much（需要多少成本）**：綜合評估必要的政策、現有資源、人力、成本等。

制定一項計畫之前，必須綜合評量各個方面，特別是當計畫制定者和實際執行者不一樣時。如果不考慮各方面的實際因素，只是將腦中的構思呈現出來，後期的執行將會困難重重，最終導致任務失敗。如果計畫執行不力，不能一昧歸咎於執行者，應優先思考計畫的可行性。

因此，麥肯錫建議在制定計畫前多提出問題。有時，提出好問題並深入思考，就能提前得出合理的答案，讓任務幾乎解決一半。值得注意的是，我們提出的問題十分重要，好的問題能引發有效思考，不好的問題會使人無法專注。

所以，在行動前依照5W2H原則提問較為可靠。而且，越刨根問底、抓住關鍵問題不放，越有可能發現新亮點，提升整體效率和品質。

5W2H原則的具體應用

接下來，一家公司借鑑麥肯錫制定計畫的思路，具體應用5W2H原則。這家公司從事家用電子產品的研發製造，致力於不斷發明與創新，推出符合市場需求的產品。在制定下個年度的生產計畫之前，研發部門先進行以下的評估與確認。

1 評估產品的性能

依照5W2H原則，分析如下（見第18頁圖1）：

- **Why（為什麼）**：當時為什麼開發此產品？現在為什麼想改進？當時為什麼選擇這種外形？
- **What（做什麼）**：此產品的主要功能是什麼？現在重新評估的目的是什麼？想要達成什麼效果？
- **When（什麼時間）**：此產品在什麼時間、什麼市場形勢下推出？現在又是什麼樣的時間和市場形勢？熱銷持續多長？何時出現熱銷高峰？何時銷量趨緩？
- **Where（什麼地點）**：此產品在哪裡使用？在哪裡生產最節省成本？客戶習慣在哪裡購買？在何處銷量最高？哪座城市的銷量開始大幅降低？還可以在哪些地方開拓銷售管道？
- **Who（什麼人）**：誰會購買此產品？誰最瞭解此產品的優缺點？誰最瞭解銷售情況？誰最能從此產品的熱銷中受益？從研發、生產、銷售到使用的過程中，誰一直被忽略？
- **How（如何）**：如何降低成本、改善性能？如何提高銷量、降低產品庫存？

- **How much（多少）**：性能參數是多少？成本和總銷量是多少？產品的尺寸和重量是多少？

2 評估產品的優缺點

在運用5W2H原則分析此產品的各方面之後，研發部門根據投入市場以來的銷量、性能、用戶體驗、問題等，進行全面整理，並從中發現產品的性能、銷售策略等有待改善或值得稱讚之處。

3 確定新產品的參數

在既有產品的基礎上，保留和加強優點、改正和補足缺點，初步確定新一代產品的主要參數。

從上述的評估與確認，我們可以瞭解如何具體運用5W2H原則分析問題。這種方式既不會遺漏重要因素，還能確保管理的精細化和嚴謹性。

▶▶ 圖1　以家電商品為例，得搞清楚7問題

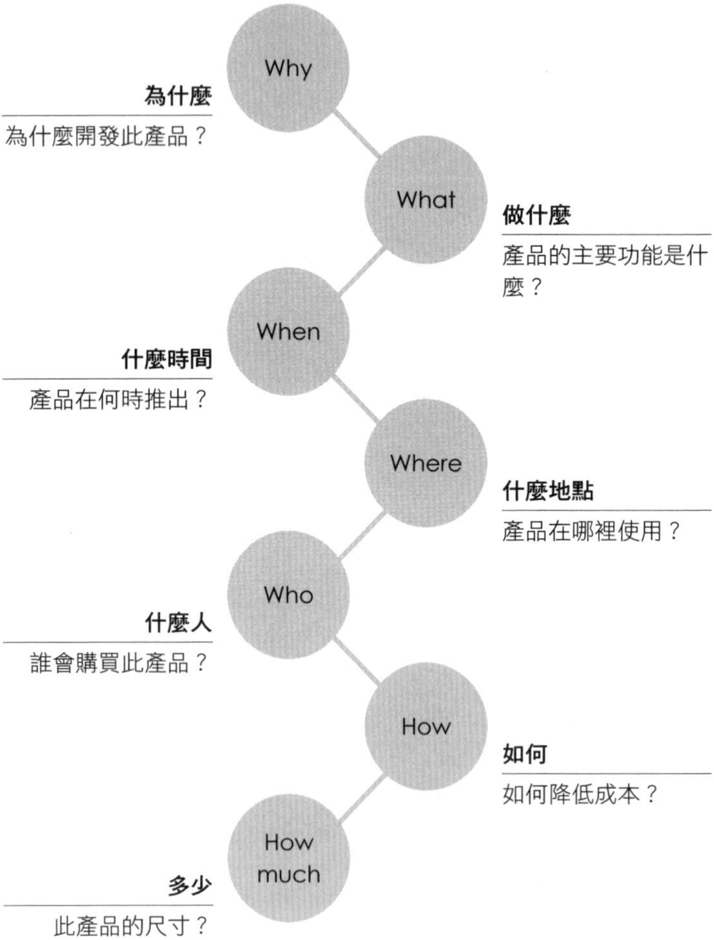
Why
為什麼
為什麼開發此產品？
What
做什麼
產品的主要功能是什麼？
When
什麼時間
產品在何時推出？
Where
什麼地點
產品在哪裡使用？
Who
什麼人
誰會購買此產品？
How
如何
如何降低成本？
How much
多少
此產品的尺寸？

這種思維方式不僅可以用來制定工作計畫，還可以運用在企業管理的各方面，甚至是日常生活。如果我們養成用5W2H原則思考的好習慣，做任何事都能避免草率或盲目行事。

【WBS結構】將任務逐級分解，不再重複和遺漏

工作分解結構（Work Breakdown Structure，簡稱WBS結構、WBS）是在二十世紀由美國國防部首創，後來大量應用於全世界的專案管理中。其中，「工作」是指具有目標、需要克服困難、付出體力或腦力才能完成的事；「分解」是指將此工作層層解構、分離；「結構」則是將各類環節以有序的方式進行組織排列。

WBS結構的主要功效是由專案負責人根據專案最終目標，確立一個可交付成果，並將這個成果逐級分解，同時建立一個合理的組織結構。每分解一層，代表任務步驟更進一步被細分。一般情況下，要將成果分解到工作細目為止。

麥肯錫經常運用WBS結構，針對大型專案進行合理、細緻且明確的規劃，在

執行過程中，對專案團隊和各項任務進行高效管理。一般來說，採用以下四個步驟分解任務：

- 步驟一：明確任務目標。
- 步驟二：確定任務可交付成果。
- 步驟三：將完成此目標所需的全部工作都涵蓋在內。
- 步驟四：將可交付成果進行逐級分解。

WBS結構對於專案管理具有以下重要作用：

- 將複雜的任務進行規劃和設計，使整個任務過程簡單明瞭，幫助執行團隊精確設定目標，進行專案管理。
- 將所有工作步驟套用到結構中，確保整個任務的重要工作不會遺漏。
- 清晰呈現各個工作之間的聯繫。

- 將任務逐級分解之後，可以把每項可交付成果安排給合適的成員或團隊，並協助執行者之間有效溝通，以確保專案能順利分工、合作及協商。
- 標記重要任務的執行階段，可以向主管或客戶說明，以便及時瞭解工作進度。

麥肯錫總結出使用WBS結構的重要原則：在運用前，先對任務的要求、內容、範圍、要點等，進行細緻的解讀和分析，掌握正確、關鍵的資訊；在運用過程中，把握「複雜事情簡單化」的重點，將龐大、複雜的任務分解為小型、易執行的任務；在分解過程中，結合各方面的實際情況，確定執行者的具體管理任務（參考範例請見圖2、圖3）。

不宜過於細分任務，劃分至10日以內最好

然而，在運用WBS結構的過程中，經常遇到這樣的困難：到底該將任務細分

圖2　用WBS分解專案任務（以樹狀圖呈現）

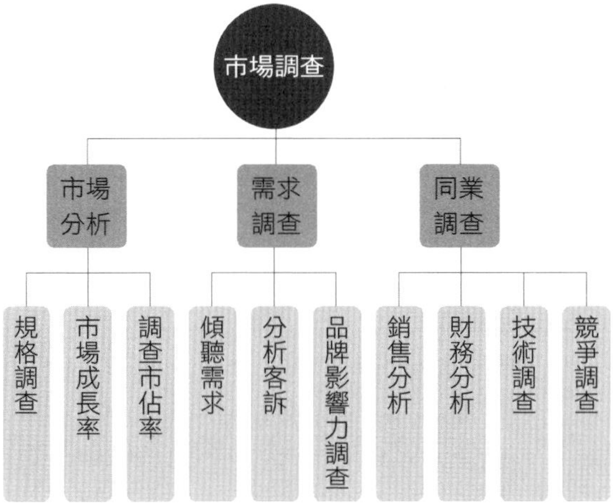

圖3　用WBS分解產品客服（以清單呈現）

1. 變更產品規格
1-1 變更尺寸與設計
1-2 調整功能

2. 因應對策
2-1 向使用者確認問題
2-2 進行檢討
2-3 檢查產品使用的疑慮

3. 退換貨
3-1 修理瑕疵品
3-2 確認交貨地點

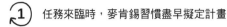

到什麼程度才合理？

麥肯錫結合實際經驗，對此提出以下建議：**一個過於細分的任務對整個專案管理無益，將任務劃分至十個工作日內可完成的小項目，是比較可行的方式**。

透過ＷＢＳ結構細分後的任務清晰明瞭，可以幫助專案負責人掌控整個進程、管理分項執行者。許多專案負責人以為，使用ＷＢＳ結構就是將一個大型專案分解為團隊中每個人負責的每件事。

對此，麥肯錫認為必要的細分是好的，但將工作細分到每個人要做的每件事，並將所有執行者和小項目都記在本子上，每天到各處檢查，則是錯誤的。

實際上，能否成功運用ＷＢＳ結構，人的因素佔了很大一部分。特別是專案負責人應該把握正確使用ＷＢＳ的原則。**運用ＷＢＳ細分任務，不是為了讓專案負責人在具體工作進程中，拘泥每個小細節，而是為了防止任務出現重複和遺漏**。特別是當某項任務較繁重、成員眾多時，過於細分會使專案負責人整日忙碌，卻根本抓不住工作重點，甚至破壞整個計畫。

在整個過程中，不當使用ＷＢＳ架構會造成以下隱患：

- **負責人過度關注細節而非整體：**在團隊成員普遍自覺性較差、需要督促的情況下，微觀管理很有效。但在大部分的專案團隊中，成員都認真負責，因此過於細分的管理不僅無法發揮作用，反而會限制成員的主動性和創造性，導致過於依賴專案負責人。
- **負責人忽視團隊成員的實際成果：**當專案負責人過於關注成員是否按照計畫完成某項任務，並將其作為評價績效的主要標準，就會容易忽略成員取得的實際可交付成果。因為專案負責人過分注重數量，便難以兼顧品質。
- **過度消耗負責人的精力：**如果成員需要經常向專案負責人彙報細小工作，就可能會遺漏重要的工作。對專案負責人來說，每天關切和查核大量細小的工作情況，會難以關注整體或重大任務。假如重要的工作出現問題，將耽誤整體進度並提高成本。

日常生活問題也可用WBS解決

實際上，WBS結構不僅是工作分解結構，還能幫助專案管理，甚至有助於團隊成員做好時間管理。因此，WBS結構不僅能用於工作中，還可以廣泛運用在日常生活裡（見第27頁圖4）。

麥肯錫顧問山姆，曾多次使用WBS結構進行專案管理，以下是他的經驗與感想：

「在使用WBS結構管理專案任務之前，我所屬的團隊整體工作效率不高。當專案負責人要求我們各自安排任務，結合實際情況，提出一個完成期限時，我們大多都是參考同事的做法，提出自己預估的時間。比方說，當我聽到同事說，他將在三週內完成任務時，我也會估算自己的任務難度，向專案負責人回報我預估的完成期限。到了截止日，當負責人要我提交任務成果時，我卻沒能完成，而同事的情況也跟我差不多。

後來，我們啟用WBS結構。

剛開始大家不太瞭解這個結構，只是將任務簡單分解成各個階段，再將每個階段分解成具體步驟，並分析每個步驟的內容，包含困難點和所需時間，然後把任務交給合適的人處理。那一次，團隊的效率大幅提升了。

經過多次實踐之後，我體會到WBS結構對時間管理非常有效，於是嘗試用這個結構管理自己的日常生活。

舉例來說，我以前經常想要健身，但總是很難找出時間，或

圖4　用WBS解決你的生活大小事

好想健身，
但老是撐不
下去……
試著用WBS分
解你的想法吧！
分解後
健身好像變輕
鬆了耶！

是才開始幾週就放棄。後來，我根據ＷＢＳ的思路，把健身的想法逐級劃分，制定每天早上跑步二十分鐘、晚上快走三十分鐘的計畫，並安排至每天的行程中，健身就變得輕鬆許多。連續執行三週後，健身已成為我的日常習慣。」

如同上述案例的山姆用ＷＢＳ結構實現的健身願望一樣，麥肯錫建議大家學習ＷＢＳ結構，為自己的工作和生活加分。

【PERT技術】建立網絡圖，管理計畫的進度和資源

計畫評核術（Program Evaluation and Review Technique，簡稱PERT技術、PERT），最早是由美國軍事部門研發。它在縮減專案時程上具有明顯效果，因此廣泛運用於各種管理層面。

透過PERT技術，可以對專案中的任務進行全面的網絡式分析，並在此基礎上制定與評價計畫。PERT技術能考量完成此項專案需要的所有資源，包含時間、人力、物力、成本等，並將這些資源匹配到合適的環節，進而掌控整個任務的步驟和資源。在麥肯錫，這項技術經常用於管理大型專案，包括制定計畫、管理進程。

利用PERT技術來管理與分析計畫，有以下四個好處：

1. 對專案進行事前計畫和控制。
2. 各級負責人對負責的內容、要求、期限，以及在整個任務中的位置和意義，有全面的理解和掌握。
3. 負責人準確掌握可能出現困難或延誤進度的環節，一開始就將精力投入在這些難點和重點任務上，能有效推動專案的整體進度。
4. 負責人容易覺察可簡化或優化的環節，進而探索更完美的路徑。

我們使用PERT技術時，必須掌握三個關鍵因素：事件、活動、關鍵路線。

事件

事件是指活動及其結束時間。這是PERT網絡式分析的主要組成部分。當確定專案的具體任務和目標時，要先列出專案的每個重要事件及其所需時間，並準確且毫無遺漏地納入網絡中。

活動

活動是指從一個事件推進到另一個事件的過程，包括必要的各項資源。專案的所有活動都應該以清晰的形式，在PERT網絡圖中呈現。同時，對活動的要求和規定必須明確，才能保證負責人後期的監督和驗收。

關鍵路線

所謂關鍵路線，是由專案中重要且較費時的關鍵事件來決定，透過對這些事件的分析，將所需的活動按照一定的邏輯排列，便組成PERT技術的關鍵路線。要注意的是，這個路線中不允許重複，也就是前後活動必須避免重疊。

除了上述三個關鍵因素之外，PERT技術的另一個特點，在於它的估計時間。**在PERT網絡當中，所有活動都要由最熟悉各項活動的成員，估計出三個時間：樂觀時間、悲觀時間、可能時間**。讓專案負責人可以瞭解並評估整個專案的不確定性。

PERT網絡圖可以由以下四個步驟來制定：

1. 根據專案的總目標，羅列所需的事件和活動。
2. 將上述事件按照先後順序或邏輯順序排列。
3. 事件以圓圈表示，活動以箭頭表示，並在箭頭上方寫下活動數量，最終得到一張如同圖5的圖表。
4. 估算每項活動所需的樂觀時間、悲觀時間及可能時間。在此基礎上，計畫制定者計算出每個事件的開始與結束時間，特別是對於關鍵事件和路線預

▶▶ 圖5　將計畫的各項活動繪製成PERT網絡圖

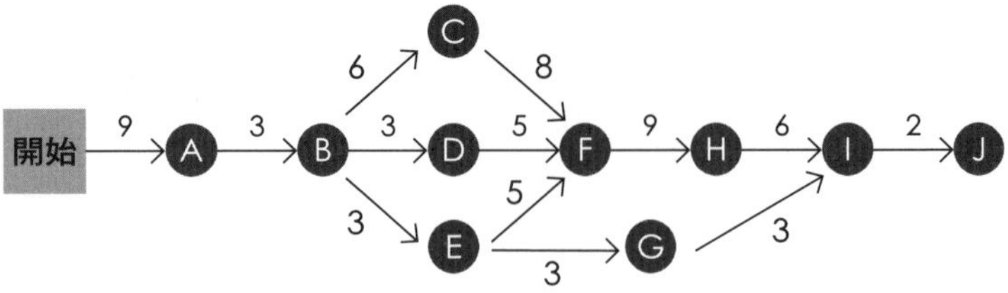

估出合理時間，這對掌握整個專案進度來說很重要。

運用PERT技術的具體效果

以下案例是專案團隊運用ＰＥＲＴ技術，來管理某項工程。

運用PERT技術做專案計畫

施工前，工程師依據各施工單位提供的各項方案、整體目標及預估進度，來制定專案的規劃進程。透過這個整體規劃，可以初步確定專案的工期。

之後，工程師將各項方案分解、分類、編碼，再編制到ＰＥＲＴ網絡圖中。分解可以盡量詳細，但不必苛求精準和完美，因為在施工過程中，計畫會隨著進度的推進而不斷優化。因此，這個過程不需要在一開始就完全確定。擬定網絡圖之後，就可以開始動工。在後期的施工過程中，還可以再次調整。

PERT技術可幫助掌控專案

由於整個過程的任務量龐大，需要匯整眾多資料，並協調許多部門，因此專案負責人得花費大量精力來掌控。具體內容包括以下五個方面：

1. 審查並監督各項工程活動的計畫。工程項目需要各個施工單位、設備單位的參與和協調才能完成。為了有效協調相關單位的進場時間、作業順序，專案負責人需要詳細瞭解他們的計畫，並協調整體進度。
2. 有效分析各項活動所需的資源，及時估算、預測整體數量對於各個施工階段的影響，將負面因素降到最低。
3. 當異常情況出現，影響各個環節的進度時，負責人要盡快調整後續計畫，才能掌握整體進度。
4. 根據PERT技術，核對各個環節與各單位的施工進度，當發現延誤時，及時找出原因，並分析此異常對整體進度的影響，迅速擬定補救措施，把握原定的計畫期限。

5. 制定各個主要階段的完成情況，並製作彙報表，以便讓主管、客戶掌握整體進展。

PERT技術能夠全面掌控專案，特別是期限長、任務重、參與者眾多的大型專案。因此，麥肯錫採用PERT技術來制定重要專案計畫，實施時間管理，以提高團隊的工作效能。

突發狀況怎麼辦？釐清3問題就能迎刃而解

在工作與日常生活中，隨時會出現突發事件，打亂原本安排得堪稱完美的計畫。正所謂「計畫永遠趕不上變化」，制定計畫能把握事情的整體節奏，掌控事情的發展，以取得更好的成果。

但是，自始至終都嚴格按照既定計畫執行的事情恐怕不多。阻礙我們執行計畫的因素，有時來自自己，例如：拖延症、沒有準確評估所需時間，而有時則來自外界，例如預料外的突發事件。

對此，麥肯錫建議員工：**想管理突發事件，首先必須接受它**。之所以稱為預料外，是因為它的突發性無法具體列入計畫當中，但我們不應該排斥它，否則無法正確管理突發事件。

面對突發事件不心慌，先評估3問題

一件突發事件可能徹底打亂當天的計畫，甚至影響一整個月的安排。有些人會因此大發雷霆，覺得原本看似井井有條的計畫被搞砸，每件事都得重新安排和調整，如同被推倒的骨牌，而產生無力感，甚至出現消極的態度。

其實，不必因為計畫被打亂而煩惱，它本來就是為了應對各種工作而制定。既然工作會改變，計畫隨著更動也是理所當然，我們只須重新調整，不用感到焦慮。

面對突發事件時，我們不應該抱著原定計畫不肯放手，應該先合理評估突發事件，再根據實際情況調整計畫。不妨問自己以下三個問題來進行評估：

1. 若選擇不處理或延後處理突發事件，會產生什麼影響？
2. 有沒有合適的人可以代為處理？
3. 若只需要我露個臉，那麼在不參與的情況下，是否依然能解決？

評估後，我們如果發現自己不參與、不處理，也不會出狀況，或是能由其他合適人選解決時，就不需要親自動手。如果發現這件事對自己很重要，就必須將它納入計畫中。如果它十分緊急，則趕緊停下手邊工作，全力以赴去處理。

不管怎樣，計畫被打亂會帶來或多或少的麻煩，因此當我們必須親自處理突發事件時，掌握以下三點能減輕困擾：

1. 善用工具、資源及外包服務來節省時間

假如我們可以將瑣碎、不重要的工作，委託快遞人員或外包公司時，不是一件值得高興的事嗎？在資訊化的時代，很多事可以透過便利的電子產品和各類外包服務解決，例如：用電腦處理資料、透過視訊召開會議、利用外包公司為重要客戶接機等，我們只要督促整個過程的進展即可。

2. 調整心態、找出意義，鼓勵自己愉快完成

唯有找到突發事件的意義，才會心甘情願且專注地完成它。如果心態還沒調整，盡量不要急著開始。當我們以排斥的心態處理預料外的突發事件時，很可能會搞砸，甚至造成嚴重的損失。

查理在公司負責報導與田徑相關的體育賽事。這既是他擅長的領域，也是興趣所在。但是，某天老闆通知他，以後他負責的項目改為跳水和游泳。

查理收到通知後，既震驚又沮喪，完全無法接受這個改變。而且，他從未做過這兩個領域的報導，覺得一切都要從頭開始，感到憤怒和不公平。他的工作態度越來越消極，甚至將這種情緒蔓延到生活中。於是，與他相關的一切變得越來越糟糕。

有一天，查理意識到自己的行為不會為他帶來好處，因此決定改變心態，尋找應對策略，開始學習新領域的相關知識，並在報導中一點一滴地探索和成長。他發現，雖然工作內容改變，但是積極面對這項預料外的工作時，獲得的成就感和愉悅感是一樣的。而且，他因為調整心態、虛心學習，而收穫更多，甚至重新燃起對工作的熱情。

查理的老闆對他的成長感到相當驚訝，並為他安排更多具有挑戰性的工作。在這樣的推動下，查理憑著積極的心態，朝著成功之路邁進。後來，他在體育報導的領域中，獲得極高的讚譽。

3. 養成未雨綢繆的習慣

面對突發事件時，可以採取合理的方式，抱持積極的心態，而平時做好未雨綢繆的準備也十分重要。麥肯錫認為，唯有妥善管理計畫內事情的人，才能將預料外的事件處理得當。

許多人非常排斥突發事件，或是應付得手忙腳亂，這是因為他們沒有妥善管理分內的事，例如：錯估各項工作所需時間、缺乏自制力。能嚴格控管計畫內事情的人，基本上能如期完成工作，有時甚至可以提前完成，因為他們知道隨時會有突發事件擾亂原定計畫，需要提前安排彈性時間，才能保證計畫內的事不會被突發事件干擾。

在麥肯錫時間分配的習慣中，所有理念與原則都環環相扣、相互影響和促進。假如我們能夠不拖延並控制計畫進度，就可以將突發事件處理得當。

重點整理

- 「5W2H」：制定計畫前，遵循5W2H提問與分析，能有效避免疏漏。我們提出的問題越精準、越抓得住關鍵不放，就越能提升任務的完成率和品質，進而提早完成。
- 麥肯錫採用四個步驟分解任務：明確任務↓確定任務可交付成果↓將完成此目標所需的全部工作都涵蓋在內↓將可交付成果進行逐級分解。
- 「WBS結構」：主要功效是由專案負責人根據最終目標，確立一個可交付成果，並將這個成果逐級分解，建立一個合理的組織結構。在運用過程中，要將複雜事情簡單化。當分解任務時，要結合各方面的實際情況。
- 「PERT技術」：可以對專案中的任務進行全面網絡式分析，並掌控整體步驟和資源。

- 遇到突發事件時，可以提出三個問題來評估是否該處理：1. 不處理或延後處理會產生什麼影響？2. 有沒有合適的人可以代為處理？3. 在不參與的情況下，是否依然能解決？
- 當我們必須親自處理突發事件時，可以善用各種工具和資源，並調整心態，養成未雨綢繆的習慣。

Note 我的時間筆記

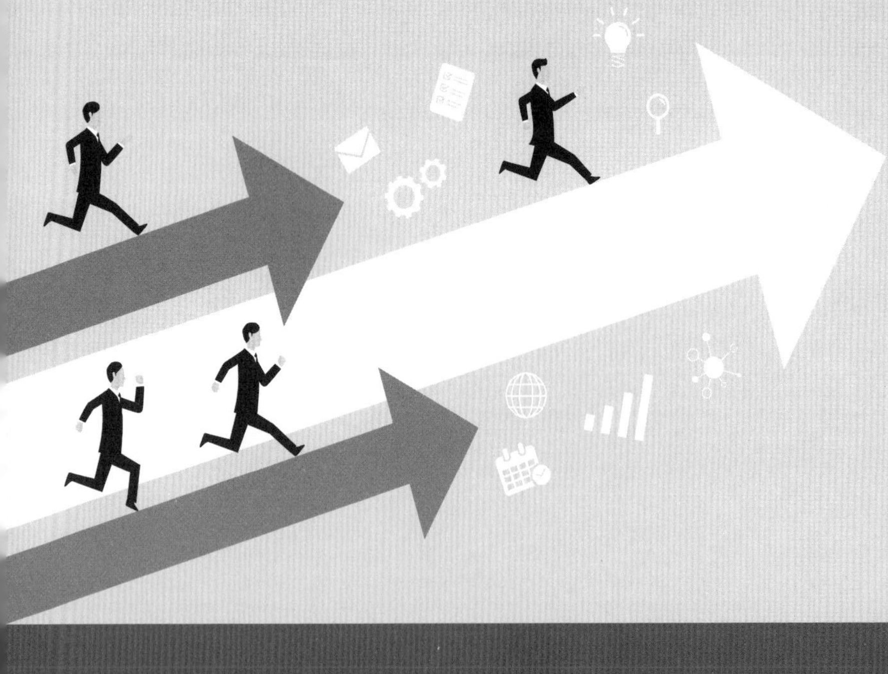

第 2 章

任務執行時，麥肯錫習慣先做最重要的事

【優先原則】
緊急且重要的事，排在第一順位

麥肯錫特別注重任務管理，這是為了確保員工能實現高效能，也就是花最少時間做最多事。對於麥肯錫緊迫、繁重的工作內容來說，這一點非常重要。麥肯錫向每位新進員工強調：**要對任務進行管理，最重要的關鍵是緊急的事情必須優先處理**。

所謂任務管理，是指在有限的時間內，提高時間的使用率，並協調各類必要任務。由此我們可以看出，做好任務管理的人，不僅能有效避免浪費時間，還能大幅提升效率。而且，做好任務管理的高效人士，往往具有較強的時間觀念和自制力。

放棄傳統的清單法，試試更科學的新方法

多數人針對任務管理採用的方法是清單法——逐條列出當日任務，完成一項就劃上刪除線。這種方法看似比毫無規劃的人還要有條理，但距離任務管理還很遙遠，因為清單法只是規劃我們想要完成的事，容易將最難處理、最耗時的工作拖到最後才動工，於是無法確保在時限內，完成重要的工作。

所以，摒棄單一且不實用的清單法吧。首先，我們要進行任務管理，而不是只將任務列在清單中。有時，改變一個細微的習慣，就能使我們受益終生。以下是時間管理中最著名的案例：

查爾斯・施瓦布（Charles Schwab）是美國伯利恒鋼鐵公司的創辦人，在一百多年前，可說是世界級巨富。

某天，一位年輕人登門造訪查爾斯，告訴他有一個想法可以確保每天都花最少時間辦最多的事。假如查爾斯試用後，認為有幫助，可以根據實

際效益來付費。

當時，查爾斯正在煩惱如何提高工作效益，所以接受這位年輕人的建議。試用一個月後，他支付年輕人十萬美元，同時寫信告訴那位年輕人，這個主意是他人生中最大的財富。

這個價值十萬美元的想法既簡單又強大，只需要每天下班前，寫下隔天決定要做的五件事。隔天一到辦公室，就開始專心完成第一項，每完成一項後就劃掉，再做第二項。

看出上述想法與清單法的不同嗎？表面上兩者都在列清單，但後者以科學的方式管理任務，效果便迥然不同。

用四象限圖，區分任務的緊急性與重要性

那麼，如何迅速判斷任務的優先順序，並納入清單中呢？在四象限圖中，我

圖6　依照重要性與緊急性，建構四象限圖

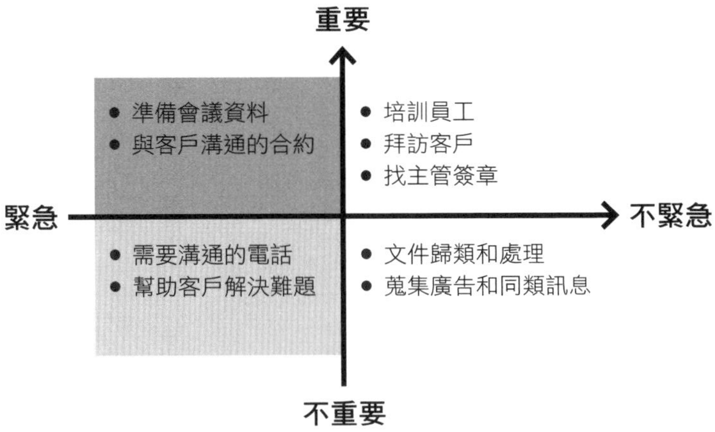

註：1. 深灰色區塊表示要優先處理。
　　2. 淺灰色區塊表示要在有效時間內處理。

們根據任務的緊急性與重要性，劃分為四個不同的象限，如圖6所示。將任務歸納到四個象限中，就能迅速判斷哪些任務要優先處理、哪些要延後處理。

劃分四個象限之後，麥肯錫教我們管理任務的第一個原則：**優先處理緊急任務**。緊急是指某類任務已到最後期限，如果無法按時完成，會產生嚴重的影響。換句話說，它是無法推延、必須立刻著手的事情。

相對地，重要任務可以往後排序，安排其他時間完成。因

此，從任務的優先順序來看，緊急任務在前、不緊急任務在後。

緊急任務按照重要性，分為「緊急且重要的任務」與「緊急但不重要的任務」。前者是影響重大且時間緊迫的事，例如：馬上召開的重要會議、接獲孩子需要立刻去醫院的電話，一旦延誤，後果將難以想像。後者是雖然時間緊迫、但影響不大的事，只要在有效時間內完成即可，可以適當委託他人完成。

將待辦調整為必辦，避免擱置重要任務

需要注意的是，雖然根據優先原則，緊急任務要安排在第一順位，但麥肯錫教導員工：**絕對不能忽視重要任務**，因為最重要的事往往需要長期規劃，雖然看似不緊急還是要做好任務管理。

如果我們一味地被緊急任務拖著走，擱置重要任務，就會像四處救火的消防員，被束縛在「時間緊迫」的觀點中忙忙碌碌。如果我們每天用大部分時間，來處理緊急的事，將重要任務一再推延，就表示任務管理極需調整。因此，在優先

處理緊急任務時，要確保重要任務不被擱置。

擅長任務管理的高手，不會花最多的時間來處理各類緊急事件，因為將重要任務被拖延到截止日前才處理，將演變成緊急任務。大部分的緊急任務都是從不緊急的任務拖延而來。因此，除了少數突發事件之外，大部分的緊急任務都可以透過任務管理，做到不擱置、不拖延而被消滅。

那麼，我們該如何確保重要任務不被擱置成緊急任務？麥肯錫建議：**將清單中的待辦調整為必辦**。我們的生活中有太多待辦事項，例如：多多學習、陪伴孩子、抽空回家看看父母等。但是，當我們的大腦把它們視為「等待辦理」，而非「必須辦理」時，就會不斷延後下去。

因此，不要將該做的待辦事項放在清單中，而是將它們改為必辦，並制定一個最後期限。當我們有一個毫不通融的期限時，才會專注於這件事，並著手開始。

根據麥肯錫「優先處理緊急事、不擱置重要任務」的時間管理原則，我們在每天列清單前，都要先詢問自己：「這件事是不是必須做？」「這件事要立刻做還是稍後處理？」「要親自處理還是轉交他人？」在明確上述問題的答案後，就可以高效地進行任務管理。

【兩分鐘原則】立刻做 2分鐘可完成的事，以免事態升級

麥肯錫認為，突發事件有助於員工自行解決問題，還能展現解決類似問題的應對態度和方法。唯有能控制突發事件，使整個計畫和進度不受到影響的人，才能把握整體思路。這種人不僅在麥肯錫，甚至在全世界的職場裡，都是最優秀的高效人士。

只要置身群體中，就無法避免受到其他人或事的影響，也無法防止自己的時間和工作被外界干擾。舉例來說，我們本來想在下週一進入公司後，開始處理客戶訪談計畫，但很不巧地，週日晚上接到主管的電話：「明早跟我去出差，為專案爭取最後機會。」此時我們該如何應對？即使心裡多麼不願意，也不能說：「我已經計畫下週一要訪談客戶，所以不能出差。」或是直接地說：「若下次要

安排任務給我，請提前兩、三天告知。」主管聽到這些意見後，或許會告訴我們：「對不起，公司不需要像你這樣的員工，你被解雇了。」

在職場中，上述這樣的例子不勝枚舉，因此我們可以向麥肯錫學習應對突發事件的方法。

給客戶回一通電話，應立刻處理

在麥肯錫，工作節奏快速，每位顧問都需要與同事或客戶，保持密切的溝通與合作，因此基本上都要同時面對多項工作。在這種情況下，麥肯錫希望員工能平衡各項工作，除了使用四象限排定任務的優先順序之外，還建議採用「兩分鐘原則」（two-minute rule）。

兩分鐘原則是大衛・艾倫（David Allen）在其時間管理著作《搞定！》（*Getting Things Done*）中提出的概念。意思是：**只要我們確定某件事能在兩分鐘之內完成，就應該立刻去做**。例如：給老闆沏一壺茶、去隔壁部門拿一份傳真、給客戶回一通電話、交代部屬準備下週例會等。之所以選擇立刻去做，是因為這可以帶來許多具體好處：

- 當我們經常遺漏瑣碎的小事時，立刻執行可以確保它們不被遺漏。
- 當我們立刻處理短時間內可以完成的突發事件時，相關人士或交代工作給我們的老闆會非常放心，還能為他們節省後續的追蹤時間。
- 當我們選擇立刻做完，就無須再花時間和精力，將此事記錄在待辦事項中。畢竟記錄或挑選合適的執行時間，可能遠遠超過兩分鐘。
- 我們將這些事立刻做完後，會感覺很輕鬆，不需要再增加待辦事項，也不用另外花心思將它們納入計畫中，可以立刻重新專注於剛才的工作。

在運用兩分鐘原則處理突發事件時，時間是一個關鍵的分界線。也就是說，如果某個突發事件可以在兩分鐘之內處理完，就不要猶豫，馬上動手處理。

假如當下選擇不處理，而是分析事件、排定重要順序，再記錄至待辦事項中，那麼花費的時間將遠遠超過兩分鐘。因此，恰當地運用兩分鐘原則，不僅不會遺漏瑣事，還能提高工作效率。

2分鐘內無法完成的事，用四象限評估

有些突發事件不可能在兩分鐘內完成，需要花更多心思和精力來處理。在麥肯錫，突發事件被視為工作的一部分，每位員工從剛進入公司開始，就被教導要將各種變化納入工作中。對此，麥肯錫告訴員工：**突發事件能否處理得當，關鍵在於是否合理評估**。

評估突發事件可以使用四象限圖，將「重要」與「緊急」當作X軸與Y軸，如上一節的圖6（見第51頁）。基本上，需要優先處理「緊急且重要」和「緊急但不重要」的事項。

評估之後，假如這個突發事件不重要且不需要優先處理，就將它放在待辦清單中。假如這件事確實需要優先處理，就要妥善保存正在做的工作。關於保存工

作的方法，不妨參照以下五個步驟：

1. **保存工作進度**：可以先問自己：「這份工作做到什麼程度了？」我們可能回答：「正在與客戶商討具體細節。」這就是工作的進度，我們可以將它記錄在小本子上，等到忙完突發事件後，再回過頭確認之前尚未處理的工作。

2. **保存工作想法**：詢問自己：「對當下這份工作有什麼想法？」我們或許回答：「客戶的某些意見很好，某些意見則沒有必要。」將這些想法寫進小本子中，可以提醒自己當初將這份工作分析到什麼階段。

3. **保存工作計畫**：對自己提出問題，例如：「打算如何處理這份工作？」也許我們回答：「需要將各自的利弊分析給客戶聽，請他做決定。」將這些回答做記錄，可以避免日後忘記。

4. **用錄音的方式記錄**：若有需要，可以透過錄音的方式做記錄，因為錄音更節約時間。

5. 最後的行動：最後問自己：「該如何暫停這份工作？」我們可能回答：「在明天的某個時間告知客戶。」在此期間，我們會認真思考他的意見。

依照上述五個步驟，保存我們正在執行的工作之後，就可以安心處理突發事件。很多時候，突發事件是可以避免的，例如：將西裝拿去乾洗。剛開始，這件事看似不緊急且不重要，但假如我們一直拖延，最終可能會升級為突發事件。

接著我們看看，不緊急也不重要的事情如何變成突發事件：

小千計畫一週後要參加某個重要會議，並決定在此之前要乾洗他的西裝。此時，這件事還不是一個緊急且重要的任務。

到了會議前一天，小千拎著衣服去以前經常光顧的乾洗店時，發現它因為設備故障而無法營業，便開始發慌。

於是，他開著車四處尋找乾洗店，確保可以成功乾洗這件衣服。此時，這件事就變成最緊急且重要的事。

即使有些事情表面上看似不緊急，卻也不應該拖延，例如：買健康保險、備份重要資料，而看似最不重要的小事，也要在計畫之內完成，例如：為汽車加油，尤其是週六早上計畫要載家人去郊外野餐時。

拖延使瑣事升級為緊急任務

麥肯錫總是提醒員工：不重要的工作很少會升級為緊急任務，事情的演變都有一定的過程和規律。然而，導致事情逐漸惡化的關鍵原因，就是拖延。

某天，老闆要求小葉在三週內提交一份企劃。當下小葉覺得這只是一項臨時任務，老闆可能過一段時間就忘記，所以不急著動手處理，反而將它擱在一旁。

時間很快地來到第三週，老闆詢問小葉這項工作是否已經開始，並再次強調要按時完成。於是，小葉將這份工作升級為重要任務，並制定計畫，每天按照計畫完成一部分。

隔天，老闆突然來電，通知他明天一早必須繳交這份企劃，否則就要為此承擔嚴重後果。於是，小葉立刻將這件事升級為緊急且重要的任務，開始全力以赴處理。

從這個例子來看，我們可以瞭解整件事的變化過程。假如小葉在接到任務之初，便按部就班執行，也許就不會演變成讓他手忙腳亂的突發事件。實際上，無論是在工作還是生活中，遇到突發事件的機率微乎其微。

因此，**控制突發事件最好的辦法就是不拖延，按照期限每天完成一部分，確保能夠按時完成**。如果可以，盡量提前完成，為後面留有餘地。當實在必須暫時擱置時，我們應該適時觀察，看它是否可能演變為緊急任務。

【80／20法則】用80%的精力，處理最重要20%的事

雖然按照優先原則應該優先處理緊急任務，但一定要妥善控制在這類事情上花費的時間，千萬不要讓自己時常被綁在緊急任務中（可參考第48頁的優先原則）。

義大利經濟學家帕雷托（Vilfredo Federico Damaso Pareto）提出的80／20法則（也稱作帕雷托法則、二八法則）告訴我們：**想要高效利用時間，應該將最多的精力用在重要的事情上**。

帕雷托從英國人整體財富佔有模式中，發現大部分的財富實際上只集中在少數人手中，比例約為八〇：二〇。這種不平衡的比例存在於各類社會現象中，甚至會不斷重複，比方說，八〇%的公司效益是由二〇%的客戶帶來，而八〇%的

同類產品是由二〇%的公司生產。

由此可知，人生中八〇%的成功也是由二〇%的重要事件所構成。所以，我們只要在最重要事情上集中最大精力，就已勝券在握。

落實80／20法則，從列清單開始

許多人忙了一整天才發現，自己做的都是不值得一提的瑣碎事情，卻一直沒有時間處理真正重要的事，這就是缺乏工作效能。導致這種狀況發生，主要是因為沒有落實80／20法則，用八〇%的精力處理最重要二〇%的事務。

這不是要求我們花最多的時間做最重要的事，而是**利用最高效的時間專注完成每日規劃**。因此，我們可以採取第50頁提到的「價值十萬美元」的時間管理法：**按照重要程度將隔天要做的五件事排序，並列出一份清單**。

想運用這個方法，首先得釐清以下兩個問題：

1. 對自己來說，哪些事情最重要？
2. 對自己來說，哪些時段做事最高效？

找出最重要的事，並專注其中

確定哪些事對自己來說最重要，才能有效制定每日計畫、中長期目標，甚至人生規劃。因此，我們不妨依照以下五個重點，初步確定自己的人生要事：

1. 確立人生目標，規劃生活方向：想做出合理規劃，首先得根據人生目標確定方向。唯有從整體角度來思考，才不會被一時的現象蒙蔽，做出短淺規劃，浪費寶貴時光。

2. 根據人生規劃，找出重要的事：找出對自己而言重要的事。在確立長遠的人生目標後，中期和短期的目標會變得更清晰。舉例來說，後半生想轉行投入自己喜歡的行業，就能得出結論：當前必須積極學習進入新行業所需的技能、取得證照、累積經驗等。於是，我們會積極爭取時間，並且付諸行動。

3. 掌控時間，把握人生要事：越瞭解自己的人生規劃，越能合理安排各項任務，也越有能力掌控時間。我們必須一開始就掌握任務管理的主導權，積極規劃各項任務，確保每項任務都符合進度，而不是一味拖延，最終只能被各種緊急事件追殺，導致人生要事被遙遙無期地擱置。

4. 排除干擾，專注於重要的事：需要隨時排除干擾，過濾無用資訊，確保自己能專注在最重要的事情上。在工作與日常生活中，我們經常被許多資訊干擾，例如：隨時跳出來的新聞、社群軟體的訊息、鋪天蓋地的電子郵件，以及各類突發事件等。當我們想要專注於某項重要工作時，往往會被打斷，因此必須杜絕它們，集中注意力在重要的事情上，而且必要時可以關閉網路、電子通訊設備。

5. 時刻記得要事第一：很多時候，你關注什麼就會成為什麼，因此在工作中要隨時提醒自己：將要事安排在大腦最專注的時段。以下將說明，如何找出自己最專注且高效的工作時段。

找出高效時間，在此時處理要事

生理系統的運行具有規律性週期，其速度有時會加快，有時會減慢，這通常被稱為「生理節奏」。

每個人都有獨特的生理節奏，假如能瞭解體內生理時鐘的運行規律，就能透過主動調節，讓工作與生理節奏相互配合。具體來說，在生理狀態的低谷期，可以放鬆、休息，以便養精蓄銳、儲存能量，或者安排簡單的瑣事、有趣的工作，避免處理需要高度專注、難度較高的任務。相對地，在生理狀態的高峰期，可以放開手腳大幹一場，進行棘手的工作。如此一來，我們才能順應自身節奏，有效提高個人時間的使用效率。

醫學和生物學的實驗結果顯示，生理節奏並非依據個人習慣或癖好而有所不同。透過測試可以發現，人體的血球數量不會固定不變，即使在同一天內，也會隨著時間變化而改變。

幸運的是，這種變化有規律可循，每隔十二小時，這些血球數量會完成一次循環，也就是說，假如在早上八點，某人的血球數量達到最高峰，十二小時後，他的血球數量會降到較低值。不僅是血球數量的變化，包括體溫、新陳代謝率的變化，也同樣遵循這個規律（見圖7）。

因此，當我們的血球數量達到最高峰時，新陳代謝率會隨之升高，體溫也處於最高峰，整個生理節奏會達到最佳狀態。

一般情況下，這個高峰期會持續三

▶▶ 圖7　如何根據自己的生理節奏安排任務？

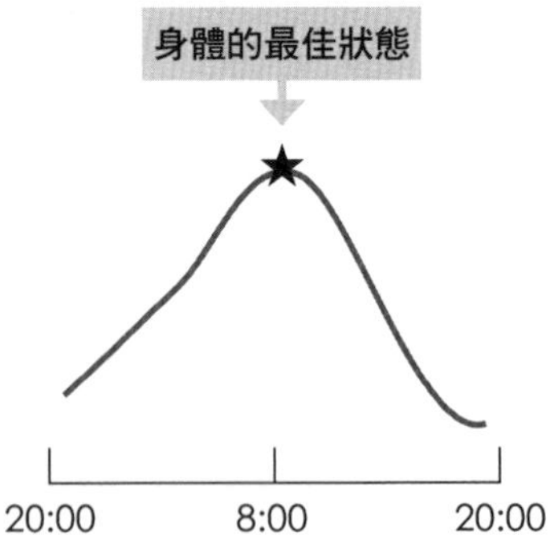

註：1. 灰色線表示血球數量的多寡。
　　2. 星星為血球數量的最高峰。

至四小時。我們將需要消耗體力的工作，安排在體溫最高的時段進行，會達到事半功倍的效果。腦力運作的時間則相對複雜，但總體來說，將最重要的腦力運作安排在體溫上升的時段進行，是最恰當的安排。

大部分的人在早上八點至九點間，體溫開始上升，在下午兩點至四點間，體溫開始下降。

為了找出自己的體溫高峰期，我們可以連續幾天，在每天起床後的一小時、白天每隔四小時、睡前這五個時間點，分別測量並記錄每個時間點的體溫，看看何時達到最高點，何時降到最低點。

我們找到自己的生理節奏後，可以在提高工作效能的同時，調節健康狀況。必須注意要「作息規律」，唯有規律的作息，特別是早睡早起，才能讓生理節奏保持穩定。

一次處理一件事，反而更省時

另外，麥肯錫總是強調：**在做重要的事情時，一定要確保一次只做一件事**。麥肯錫顧問在實踐前述要點時發現，真正的高效人士一次只做一件事，因為這樣才能確保專心致志地工作，而這正是省時的最大訣竅。

試著回想一下，當我們一邊回覆郵件、一邊與別人通話時，呈現怎樣的狀態？我們可以保持平靜和專注嗎？能保證不會出錯嗎？實際上，這麼做完全無法節省時間。因此，我們需要借助兩個方法使自己專注：

1. **降低干擾**：把干擾降到最低，以便繼續專注地完成手邊工作。例如：講電話時不要回覆郵件；開視訊會議時不要瀏覽其他網站。

2. **制定時段**：制定一個合理時段，強迫自己在這個時段專注。舉例來說，像番茄工作法，規定一個二十五分鐘的時段，在這個時段只做一件事，二十五分鐘後才能休息或是切換另一個任務。

麥肯錫提倡，用最多的精力做最重要的事，並確保一次只做一件事。在工作和日常生活中，不管是誰，只要能在合適的時間內，專注地處理任何一件事，都可以保證事情完成得又快又有品質。

同類的瑣事集中辦理，速度會比別人快2倍

在工作和日常生活中，我們不得不面對大量瑣事，麥肯錫的處理方式是：**以統籌安排的方式集中處理瑣事**。這種處理方式能有效避免重複工作，保證時間發揮最大效能。

面對瑣事，能交給別人時就盡量委託別人處理，才不會被瑣事佔據所有時間，導致延誤重要事情。但是，總有一些瑣事無法避免，例如：去銀行繳水電費、帶寵物看醫生、回覆重要客戶電話、答覆部屬疑問。

這類瑣事往往帶有一定的緊急訊號，有時會對正在進行的重要事情造成干擾。這時候，如果我們抱持煩惱和消極的心態處理瑣事，容易使原本簡單的事情出錯，因為人們經常忽視細微或不重要的事。

合理安排瑣事，調動資源更順暢

如果瑣事卡在需要大量精力處理的重要任務之間，以立即或分開的方式解決是不明智的，這不僅會將時間變得零碎，還會分散注意力。當我們屢次從正在做的工作中抽離時，靈感會隨著注意力的分散而溜走。

因此，麥肯錫教導員工：**將瑣事集中安排在專門的時段處理**。諸如需要回覆的電話、電子郵件等，將它們集中在下午一併回覆，能有效迴避干擾。換句話說，同類工作最好在同個時段內一次完成。例如：若你要溝通，就選擇一個時段只用來溝通；若你要處理文件事務，在某個時段就只伏案工作；若你需要四處跑腿，就設計能一次跑完的路線。

只有合理地安排瑣事，才能妥善調動各種資源，並有效利用時間和精力。誰都知道熟能生巧，也都聽過流水線生產的好處，所以將瑣事（特別是同類瑣事）集中處理，可以更高效利用時間。將瑣事集中處理還有以下諸多好處：

1. 過濾不必要的麻煩

比方說，當客戶發現產品突然故障，急著要求你立即上門修理，於是你放下手邊一切工作，趕到客戶那裡，但抵達之後，無論怎麼檢查也找不出問題所在，因此你不得不告訴客戶，第二天會和另一位更有經驗的同事來處理。

結果第二天一早，客戶打電話告訴你，問題已經自動消失，或是他因為等不及，已經自己想辦法處理。不管如何，對待這類看似緊急的瑣事，適當地擱置是有好處的。

2. 掌握工作的主導權

適當擱置瑣事有時是一項挑戰，特別是來自客戶的要求。但是，只要你用心處理，一樣能解決這個問題。而且你沉穩、有自信的表現，有助於安撫客戶急躁的心情。

當你好好地安排手邊工作，在計畫的時間內完成瑣事時，會發現在分類緊急任務、管理各項任務和時間上更有動力。在工作中，集中處理瑣事能鍛鍊並提高你的工作能力。

3. 確保達到最佳工作狀態

當你不被看似緊急的事拖著走，而是按部就班執行計畫時，會呈現心平氣和的狀態，而不是暴躁或埋怨。保持專注與一顆平靜的心，才能確保工作的品質，因此練習集中處理無法避免的瑣事，是鍛鍊自己的好機會。

日常生活中我們也可以運用此方法處理瑣事，例如：建立「家庭瑣事處理日」，將瑣事累積到適當的程度後，專門在這個時間處理。

不管是集中處理還是分門別類處理，實際遵循的原則都是同一個——**不要在瑣事上花費過多時間**。每個人每天的精力有限，過度消耗能量，特別是腦力，會容易疲勞，所以我們要盡量減少在瑣事上消耗腦力，以節省更多能量和時間，用於最重要的事，唯有這樣才能確保大腦正常運轉。

適當委託外包公司，避免焦頭爛額

在委託他人處理瑣事這方面，現代社會提供越來越多的便利。例如：有一家專門替客戶跑腿的公司，其服務內容廣泛，包括代接客戶、去醫院掛號、代繳水電費、代購等，只要是客戶交辦的瑣事，他們都會處理。這家公司的宣傳口號這麼說：「不管大事小事，只要您需要，一通電話我們就會為您服務，做您工作與生活上的好幫手，讓您騰出更多寶貴時間做更重要的事。」

隨著服務業的發展，有越來越多替人們節省時間的服務。特別是工作繁忙的人可以透過這些細緻服務，解決生活中的瑣事。舉例來說，當一位職業婦女想花更多時間陪伴孩子，卻苦於家務繁忙時，她可以把打掃家庭環境、買菜做飯等瑣事，交給其他人處理。在專心陪伴孩子數小時後，她可以與家人在溫馨、整潔的家裡，享用可口菜餚。

這並非鼓勵人們懶惰，或是將全部瑣事交給外包公司。其實，家人一起做些日常工作，例如：種花、粉刷屋子、照顧生病的寵物，都是增進感情的好方式。

這種談論將瑣事適當地外包，只是想告訴各位：「你不必那麼焦慮，不必被瑣事煩得焦頭爛額，你有更好的方式可以節省時間。」

在現代快節奏的生活中，**唯有學會將瑣事交給合適的人，才有足夠的時間專注於更重要的事情**。在某種程度上，這為服務業帶來更多的發展機會。

如果你認同麥肯錫不在瑣事上花太多時間的理念，想養成將瑣事集中處理的好習慣，不妨在日常生活中從以下事情開始：

- 在每個月的同一天支付帳單。
- 每天開車或搭車時，聽同一本有聲書，聽完再換下一本。
- 每週提前搭配衣服，並嚴格按照順序穿著。
- 在每天或每個月的相同時段，處理需要跑腿的事情。
- 在每天的相同時間開始做最重要的工作。
- 在每週的相同時間專門陪伴孩子。

相信你還能想出更多類似上述規律的事。

在簡化日常瑣事上，美國前總統歐巴馬是值得學習的例子。歐巴馬因為需要做出大量權衡利弊、綜合分析的重要決定，因此從來不在瑣事上浪費腦力。他選擇在規律的時間做相同的事，選擇吃重複的食物、穿重複的衣服，盡最大的努力確保精力用在重要事情上。對於不重要的瑣事，他不是交由別人處理，就是自己一次做出決定，然後不斷重複，直到變成習慣為止。

德國政治學家卡爾・馬克思（Karl Marx）曾說：「一切的節約都是時間的節約。」我們如何管理時間，特別是用於處理大量瑣事的時間，牽涉到自己的人生品質。

麥肯錫處理瑣事的原則，可以幫我們有效解決工作與日常生活的零碎小事，進而從容不迫地面對它們。

習慣做好「細節管理」，避免留下隱患

麥肯錫非常注重細節，絕對不會懈怠大意看似不重要的小地方，而是關注每個環節中的細微之處，力求將每件小事處理妥當，不為日後留下隱患。

「千里之行，始於足下。」這句話告訴我們，一些看似平常、熟悉的小事，蘊含著成就我們的要素。如果能妥當處理它們，並養成注重細節的習慣，就是為自己的成就儲存資本，進而更快達成目標。

小薇是一家公關公司的普通職員。有一次，公司召開客戶聯誼會，其中有個時段是客戶提問、老闆解答。為此，老闆吩咐小薇準備幾張紙，方便客戶寫下問題。

原本，老闆只是想讓小薇簡單準備幾張裁好的空白紙。但是到了現場，老闆發現遞交上來的提問，是寫在一張張剪裁整齊、底色漂亮的小卡上，而且邊角處還印有公司的LOGO。

整場活動舉辦得十分成功，客戶的回響很好。老闆很讚賞小薇重視小事情的工作態度。後來，老闆需要一位負責維護客戶關係的主管時，小薇便成為第一人選。

《老子》中寫道：「天下難事，必作於易；天下大事，必作於細。」因此，難事和大事都是從簡單的小事開始。我們只要認真對待每一件小事，並持之以恆，就能夠成功。

但是，在現代社會中，人們越來越不重視細節，對待小細節往往敷衍了事，特別是看似輕鬆、容易的工作。人們似乎越來越沒有耐心和精力，只在看似複雜或重要的事情上，才會保持專注，不敢掉以輕心。

忽視小地方，可能導致嚴重後果

一旦遇到熟悉的小事時，人們就會開始放鬆。這時候，錯誤往往會因為疏忽細節而出現，有些甚至是非常嚴重、無法彌補的過錯。其實，本來可以避免這些小事，只是當人們缺少耐心和細心時，這些小事便被草草應付，最終演變成問題爆發的導火線。

「
約翰是鐵路工人，專門負責火車後車廂的剎車操作。他經驗豐富、技術嫻熟，但同時有著顯著的缺點——馬虎、不仔細。

有天，一場暴風雪導致約翰所在的那列火車誤點，他不得不在寒冷的冬夜裡加班。此時，列車長收到一份緊急通知：由於發動機的汽缸突然出現故障，火車必須臨時停車。這是十分嚴重的問題，因為需要與即將經過此條鐵軌的火車溝通，而且幾分鐘後，一輛火車將會從後方駛來。

在時間緊迫的情況下，最好的方法是在火車後部亮起警戒紅燈，提醒另一輛火車注意，避免兩車相撞。於是，列車長將這個任務交給約翰。

要命的是，約翰完全不重視這件看似簡單無比的小事，因為他知道當時後車廂還有一位剎車助理、一位火車工程師，不管是誰都能輕鬆完成這件事。

於是，約翰慢條斯理地穿上外套，朝火車後車廂走去，但到了距離後車廂還有十公尺的地方時，他發現後車廂裡沒有任何人！於是，他拚命向前衝，準備啟動紅燈警戒，但一切都太遲了，一輛火車正高速衝來，撞向約翰所在的後車廂……

約翰為自己的疏忽付出生命代價，一個看似絕不會出錯的地方其實蘊含著最大的危險，如同看似最危險的地方往往最安全。

在工作中，很多人也都曾犯過與約翰相同的錯誤。他們自認為這些細微之處不可能會出錯，只有愚蠢的人才會犯。但其實，錯誤經常出現在我們最輕忽的地方。試著回想自己曾做錯的數學題、出錯的文案，或平常本該做好卻搞砸的小事，你會發現自己其實是一個粗心大意的人。

對付小事情，你可以這麼做……

我們不可能隨時隨地保持高度警戒，當注意力不夠集中、工作太過繁重、思維百密一疏時，就會出現錯誤。因此，為了不在最不該出錯的小事上犯錯，應該避免忽視小事，我們可以從以下兩點著手：

1. 重新認識小事情的重要意義：不再一味認為小事毫無意義、不值得做或浪費生命。唯有正確的心態，才能徹底改變不重視細節的狀況。

2. 檢查最不容易出錯的地方，確保完善無誤：每次工作完成後，問問自己哪裡是最不可能或最不會出錯的地方，然後認真檢查一遍，確認是否真的沒有任何疏漏。若能長期堅持下去，將會養成注重細節的好習慣。

當工作與生活中突然出現小事時，有很多方式可以應對，例如：隨手解決當下能處理的事；當場請他人協助可委託的事；將實在無法當下解決的事記在待辦清單中。

其實很多時候，小事之所以稱為「小」，是因為它不會佔用太多時間和精力，也不會讓人花費太多心思，干擾原定計畫。但在現實生活中，許多人都被小事干擾。能力出眾、俐落幹練的職業婦女，會因為搞不定孩子的哭鬧而崩潰。甚至有很多大人物能鎮定自若地處理政治危機，卻因為修理不好家裡馬桶而感到沮喪。

「

某天，小明和妻子邀請幾位朋友到家裡吃飯。為此，夫妻兩人花了半天做準備，並確保一切妥當。在離客人到來的時間只剩十分鐘時，小明突然發現，有三套餐具的花色與其他餐具不一樣。

小明突然變得急躁，衝進廚房向妻子詢問原因。妻子告訴他，另外三個餐具前兩天拿去岳母家，今天只能用不同花色的餐具招待朋友。如果時間充分，小明肯定會衝到岳母家把餐具拿回來。但此刻，他只能心急如焚，不斷想著不成套的餐具花色毀壞原本完美的晚宴。

不過，他立刻停下來問自己，為什麼要讓這三套餐具摧毀美好的晚宴呢？我準備充分、妻子優雅得體、朋友們很快就會愉快地赴宴。沒有人會注意到餐具的問題，即便有人注意到了，或許會認為我比較懶惰，但是總比認為我焦慮、暴躁要好得多。

想到這裡，小明丟掉煩躁的心情，坐下來讓自己休息片刻，然後準備愉快地享用晚餐，最後他果然做到了。

我們的生活中充斥著各式各樣影響心情的小事，例如：去醫院掛號要排隊；老闆不分青紅皂白批評自己；在商場被心情不好的推銷員找碴等等。因此，在不讓小事打亂計畫的同時，保持好心情是最重要的。

當我們時刻惦記著重要工作時，心情就不會被微不足道的小事過分影響，造成專注力和效率低下。唯有如此，我們才能不偏離自己的人生規劃，不浪費寶貴的時間和心思。

麥肯錫總是告誡員工：能好好管理自己時間的人，也能好好管理情緒。而且，這份能力會隨著不斷實踐逐漸提升。不管我們以何種方式處理小事，在這個過程中，只要記住一點：不被小事影響心情，你就已經贏了。

如何養成「果斷決策」的習慣？

對於有選擇困難症的人來說，果斷決策有助於解決任務。當然，在過程中總會遇到一些問題，最後的結果不見得盡如人意。但是，麥肯錫的員工不會因此錯過果斷決策的最佳時機。畢竟，毫不猶豫的人總能抓住最好的時機。

相反地，許多習慣拖延的人經常面臨的難題，就是難以果斷做出決定。這種人會用各式各樣的藉口來掩飾拖延，例如：「我只是希望能慎重考慮再做決定」，或「我只是不想如此草率，希望能花點時間權衡各方面的利益」等。

總之，他們有太多顧慮，卻思前想後也找不出完美方案。最終，當必須做決定時，他們會陷入一片慌張。還有另一種情況，就是不論大事或小事，總是想找個人商量，希望別人可以替自己做決定。如此舉棋不定、沒有主見的人，既不相信自己，也不可能獲得別人的信任。

還有一些人，在抉擇時總是優柔寡斷，甚至不敢為任何事做決定，不敢為任何決定負責。於是，他們不斷與各種機遇擦肩而過，浪費寶貴的光陰。究其原因，是他們對於最終結果有著深深的恐懼，因為無法確定哪個決定能獲取最好的結果，哪個決定會帶來滅頂之災。

所以，他們小心翼翼，生怕不小心做決斷之後，會帶來更多麻煩，導致不管選擇什麼都充滿懷疑。這種恐懼和疑惑使他們與生命中的種種美好，永遠隔著一道鴻溝。

只須滿足基本需求，就立刻做決定

你見過為了一件衣服而跑遍整個商場的女士嗎？她不是沒有遇到既喜歡又合適的衣服，只是不斷地猶豫。當她選中這件衣服時，會從各方面仔細地打量，最終找到不購買的理由，於是走向下一間服飾店，拿起另一件衣服，繼續上下打量。最終，她也不知道自己到底想買什麼款式，店員更被她搞得不耐煩。於是她常常什麼都沒買，便空手而歸。

其實，她本來只是需要一件風衣，但是她不能接受太長，也不喜歡太短；她希望秋天能穿，冬天也適合；她要求既不能太笨重，又得足夠保暖；既適合工作，也適合爬山。現實中，到底有沒有一件完全合適的衣服？或許有，但她需要花非常多的時間，去各個商場尋找。更重要的是，即便這位女士找到，也可能挑出其他不滿意的地方。

為了養成遇事果斷、決策堅定的能力，我們不用考慮各個方面，只須確定滿足最基本的需求，就立刻做決定。當然，生活中仍有一些事需要我們慎重考慮。在做決定之前，確實需要權衡各方面，利用自己的閱歷與知識做出最合適的判斷。但是，一旦透過上述的方法做出選擇，就不要再更改，也不要留給自己猶豫不決的餘地。

或許剛開始，我們會因為判斷錯誤而承擔後果。但是，我們將養成果決、堅定及有自信的習慣，而這種習慣的價值遠遠大於決策失誤導致的損失。

難以做決定有時是出於兩種原因，第一種是「懶惰」，如果是懶惰，除了趕快決定之外，別無他法。另一種則是「恐懼」，針對恐懼，可以按照以下三個步驟思考，讓自己盡快做出合理抉擇（見圖8）。

1 找個安靜的地方，想想該怎麼做

「怎麼」是一個關鍵字，也是引發我們深度思考的詞。假如你才剛開始學著如何與自己對話，還不知道該問什麼問題時，就一路「怎麼」下去吧。特別是當我們意識到自己遲遲不肯做決定時，更需要好好談談，你可以先找個安靜的地方放鬆，再詢問自己：「我到底怎麼想？」、「接下來要怎麼做？」、「我是怎麼看待可能會出現的後果？」你不斷地問自己，直到可以堅定地提出答案：「我想要……」那就是你的答案了。

2 善用直覺

其實，人類的直覺非常準，似乎二十四小時都在心中隨時待命，在任何我們需要的時刻，提供最好的建議。

還記得你是如何透過拋硬幣來做決定的嗎？當心中抱持著疑問，將硬幣拋向天空，看著它落到地上又不斷旋轉時，你是否期待著某個答案？

你希望硬幣的那一面正好指向你心中的答案，就可以順應天意，大膽做決定。假如硬幣指向自己不想要的答案時，你會感到失望，於是打算以三局兩勝的方式選出答案。總之，你希望硬幣最終指向你想要的答案，否則會不斷拋下去。

所以，當理智無法幫我們做決定時，就善用直覺吧。拿出一枚硬幣，

圖8　透過3步驟思考，快速做出決定

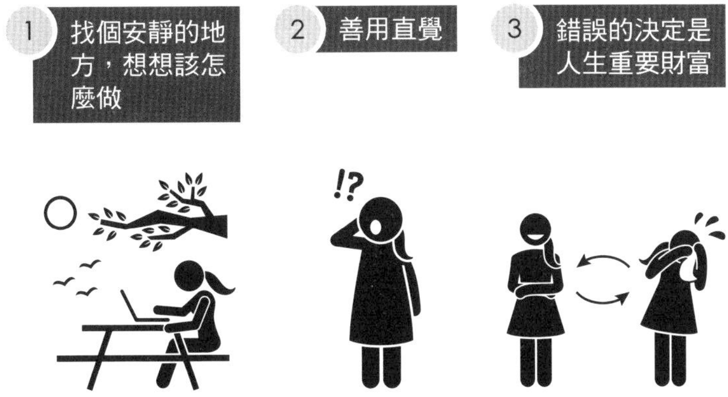
1
找個安靜的地方，想想該怎麼做
2
善用直覺
3
錯誤的決定是人生重要財富
!?

高高地拋向天空，然後覺察自己期待的是哪一面或哪個答案，再把硬幣放回口袋裡，去執行自己的決定。

3 錯誤的決定是人生重要財富

誰沒有做過錯誤的決定？錯誤的決定並非毫無意義，它能讓我們嘗到失敗與痛苦的滋味，讓我們從中汲取最真實的經驗、教訓和改變的力量，所以無需害怕。我們有能力做決定，也有能力承擔後果。所有發生在自己身上的事，都有其必要性，只有用心體會才能領略這份上天饋贈的禮物。

人的一生中，總會經歷恐懼的滋味，例如：我們第一天拎著行李抵達大學宿舍、第一天到新單位上班，或第一次和現在的伴侶見面。當初一定會感到既忐忑不安，擔心會發生不愉快的事，或者害怕遭遇不好的境遇或某個難以相處的人。

但回過頭來看，你會發現那只是一個必經過程。當初讓你恐懼的事，很多時候都沒有發生，反而朝著更好、更愉快的方向發展。所以，不要擔心犯錯，大膽地做決策吧。

麥肯錫認為，當一個想法還沒被正式決定時，它帶給我們的價值非常小，隨時都有可能消失。因此，**我們不應該在一件價值不大的事情上，花費過多的時間，而是養成當機立斷的習慣，才能迅速地付諸行動，將空想轉化為現實。**

想要高效管理時間的人，都應該具備果斷決策的能力。若透過判斷，發現某件事確實不適合執行時，千萬不要猶豫，應該馬上放棄；若發現適合立刻執行時，就要馬上行動。

資料太多太雜時，該怎麼充分準備？

麥肯錫顧問每次和客戶討論專案前，都會做足功課，因為充分的準備能大幅提升成功率，會使整個過程變得更容易，並節省工作所需時間。

因此，做好事前準備，是麥肯錫時間管理的重要秘訣之一。在所有準備工作中，麥肯錫最注重的就是搜集相關資料。

先看看準備工作的重要性

麥肯錫顧問弗蘭德森對某次的諮詢專案印象深刻，因為這是他表現最差卻也是最好的一次，而導致如此天差地別的原因在於，資料準備是否充足。這件事最初的發展，甚至可以列入麥肯錫的負面教材中。當時，公司為一間大型商業銀行，做出非常成功的專案，讓銀行業績在短時間內大幅攀升。因此，銀行旗下的子公司也要求麥肯錫提供服務。

於是，弗蘭德森和同事立刻組成工作小組，但由於太過匆忙，這個小組既沒有執行人，也沒有具行銷經驗的成員。除了最基本的要求及對專案的初步評估之外，沒有其他更具體的資訊。

因此，前期的資料搜集十分糟糕、毫無方向。成員之間既沒有明確分工和責任界定，專案小組也缺乏目標。大家對工作的瞭解，只限於客戶認同麥肯錫對總公司的成功服務，所以大家借鑑上次諮詢的方向，將「為客戶提供行銷諮詢，以提高業績」訂定為專案目標。

另外，他們都缺乏行銷經驗，並未詳細諮詢和瞭解客戶的具體需求，也沒有搜集相關資料，以彌補上述兩項疏漏，而是一味埋頭於各類圖表和資料庫，想以這種形式，把服務展示給客戶。

結果可想而知，客戶對他們呈現的計畫非常失望，並要求他們在最短時間裡，重做一份圖表和分析報告。於是，整個團隊重新坐在一起，運用麥肯錫的規則，制定一個詳實具體的計畫，一方面增加兩名有行銷經驗的助理，搜集相關資料，一方面取得客戶需求的資料，並安排專門整合相關資訊的人員。

最終，他們做出一份相當好的專案計畫，並獲得客戶認同。

按照麥肯錫8建議，預約成功的門票

針對事前的資料準備工作，麥肯錫提供以下八個建議（見第99頁圖9）：

1. 搜集相關度高的資料

這是決定專案能否成功的關鍵。在麥肯錫，這項工作經常由實習生或助理來處理，這是展現個人能力的最佳機會。在搜集過程中，要牢記任務目標，只搜集最有說服力的相關資料。對資料取捨要精益求精，果斷放棄相關度低的資料，以免缺乏方向。

切記，不要在尚未確定目標和議題之前，大量搜集資料，以免花費眾多時間，最終卻無法使用。因此，搜集資料時，要不斷提醒自己扣緊議題。

2. 熟練搜尋工具

在現代社會中，不會使用電腦的人就像不會寫字一樣。隨著網路時代的發達，各個入口網站、資料分享網或企業官網，幾乎每天都會更新資訊。如果你不熟悉網路搜尋工具或各類電子資料庫，應花時間加以掌握。經過一段時間，你會找到適合自己的工具，並大幅節省搜集資料的時間。

3. 記得備註來源

將你引用的資料來源備註在報告中，可以增加資料可信度，追蹤其後續狀況，為後續的工作帶來便利。

4. 與團隊共享資訊

麥肯錫強調：「要與團隊共享資訊」，讓每個人能在團隊分工下，輕鬆掌握不同類別的資訊，直接掌握專案的整體情況。

5. 關鍵人物提供的資訊很重要

如果你能與專家聯繫，整個團隊都會受益匪淺。專家能回答各方面的提問，還會提供重要資料，避免遺漏關鍵資訊，並以豐富的經驗指導團隊。

6. 必要時可以外包

專業的人做專業的事，絕對不會出錯，而且能為團隊節省大量時間，有助於搜集更多不同角度的資料。

圖9　從蒐集到呈現資料，應有的態度和工具

1 搜集相關度高的資料

- 過程中要牢記目標
- 資料的取捨要精準

2 熟練搜尋工具

- 花時間尋找適合自己的搜尋工具

3 記得備註來源

- 引用資料時，備註來源更有可信度

4 與團隊共享資訊

- 可以讓大家輕鬆掌握不同類別的資訊

5 關鍵人物提供的資訊很重要

- 聯繫具有豐富知識的專家，能避免遺漏關鍵資訊

6 必要時可以外包

- 可以節省大量時間
- 搜集更多不同角度的資料

7 適當整理資料

- 提取所需資訊並串聯相關資料

8 用PPT展示資料最佳

- 直觀、簡便的展示方式，讓交流變得更容易

7. 適當整理資料

在搜集各方面的資料後，一定要整理資料，並提取所需資訊，將相關資料以有邏輯的方式串聯起來。

8. 用PPT展示資料最佳

使用PPT（PowerPoint）展示資料，遠遠勝過用Word或其他形式的文書處理工具。PPT直觀、簡便的展示方式，讓交流變得更容易。

俗話說：「好的開始是成功的一半。」一個好的專案是從組成好的團隊開始，一個好的團隊是從精準準備工作開始。前期的準備工作如果充分且精準，後續就能達到事半功倍的效果。相反地，如果敷衍了事、草草結束，就是浪費時間。因此，我們應該以麥肯錫重視準備工作的態度為借鏡，養成做事前準備的好習慣。

如何分配任務？你得這樣授權部屬和同事

果斷授權可以提高工作效能，並且節省時間，麥肯錫顧問經常需要做到這件事。

在麥肯錫，每位顧問的身旁都有一位助理或秘書，顧問會適時委託他們處理較輕鬆的工作，例如：搜集與歸納資料、列印、跑腿等事宜。當顧問出差時，助理的效力會更加明顯，他會幫顧問安排日程表或完成各類指派工作，甚至在被顧問遺忘的重要日子裡，為他的另一半送上鮮花。

雖然許多工作可以由顧問親自處理，但在麥肯錫的管理策略中，有效授權是保持高效的重要方法。每位顧問都能領會授權的意義，即使在快節奏、緊張的狀態中，也不至於忙得無法脫身。一個有效的授權大致上具有三個好處：

- 可以激勵部屬和職場新鮮人，讓他們快速融入公司、熟悉工作內容。
- 為自己節省大量時間，提升管理部屬的能力和自己的溝通技能。
- 增加自己與部屬的互動與信任、培養合作能力，進而打造高效團隊。

在職場中，管理者經常將工作授權給部屬，不過有時也會授權給同事。因此，以下將授權對象分為部屬與同事，讓我們可以更好地掌握授權這項不可或缺的技能。

平時培訓部屬，交辦時要講解

許多管理者都明白授權給部屬的好處，但最後還是不得不承擔大量工作，他們經常陷入「想授權給部屬，卻找不到合適人選」的困境中。

於是，管理者只好隨機選擇某個部屬，並花時間講解這件工作的處理方式，但到了最後，這位部屬還是搞砸了。管理者只好花更多時間收拾殘局，親自處理這項工作，導致他從此寧願自己動手而不再授權。

從上述的惡性循環中，我們可以知道**平時要好好培訓部屬**。若想要有效授權，**在安排工作時，必須用足夠的時間講解具體要領，而且講解得越明確越好**。

不過，有時管理者會意識到，即使花許多時間指導與講解，並在過程中隨時提供幫助，但部屬仍然沒辦法做到預料中的好成果。因此，管理者必須接受這個狀況：**授權給他人和親自動手處理，結果必然會有所不同**。

想善用授權這項工具，需要不斷琢磨與實踐。隨著管理者屢次的授權與培訓，部屬的領悟能力會越來越強，兩者的默契也會逐漸提升，節省下來的時間也會越來越多。於是，管理者能花更多的心思，提升部屬的整體能力，日後的授權將會更顯著提升。

尋求同事幫忙，要找對時機和方式

麥肯錫告訴我們，在沒有部屬的情況下，可以向同事尋求幫助。不要認為這是天方夜譚，其實人們天生樂於助人，只是當我們在尋求幫助時，必須找到對的時機和適當的方式。

想成功獲得同事的幫助，需要注意三個關鍵：確認同事是否擅長這份工作、用合適的語氣提出請求、選擇最恰當的時機。下面將詳細說明。（見第107頁圖10）：

1 確認同事是否擅長這份工作

首先，我們必須瞭解，這份工作是否是同事擅長或容易完成的工作。我們可以觀察同事最喜歡的任務，當然最快的方法是直接詢問。

通常大家很樂意聊自己感興趣的話題。我們詢問同事時，可以這樣開頭：「你喜歡自己現在的工作狀態嗎？」「工作感覺如何？」同時要確定，是否能放心將這份工作委託給他，因為他至少要處理得與你相去不遠。這聽起來很簡單，卻經常被疏忽。

2 用合適的語氣提出請求

向同事提出請求時，必須選擇合適的語言、語氣甚至是用詞，因為**選擇對方最能接受的方式來表達訴求最穩妥**。如果你實在不擅長揣摩別人的用詞習慣，可以選擇使用以下的說法：「你的幫助對我而言很重要，因為……」

在多個場合和多次實驗中，這種說法成功取得別人的善意和幫助次數最多。前半部的「你的幫助對我而言很重要」看似普通，沒有任何神奇之處，但是它的力量在於能有效激發人們心底的善意，引發人們想幫助別人的欲望，因為每個人的心底深處都希望被別人需要與重視，而這句話能非常精準地啟動這個開關。

後方的「因為……」被一項實驗證實，用在委託他人時具有重要意義。這項實驗專門研究我們有求於人時，使用怎樣的說法或詞語，可以提高對方釋出善意的機率。

在實驗中，研究團隊切換許多不同的說法來提出請求，以便讓出正在通話的公用電話。他們使用以下兩個說法：

①「打擾了，我有一個簡短的緊急事情，能讓我先用電話嗎？」

②「打擾了，我有一個簡短的緊急事情，能讓我先用電話嗎？因為我真的很著急。」

結果顯示，使用第一種說法的人被接受的機率是六〇％，而說出第二種說法的人被接受的機率高達九四％。

會呈現如此大的差距，是因為第二句說出「我真的很著急」嗎？其實不是。研究團隊隨後使用第三種說法，裡面依然包含「因為……」，但沒有強調「很著急」，而是說：「打擾了，我有一個簡短的緊急事情，能讓我先用電話嗎？因為我真的需要打電話。」

然而，這次的結果讓研究團隊感到詫異，因為竟然高達九三％的人同意讓出電話。可見得，當我們請求別人幫助時，善用「因為……」會有很大的機率被接

圖10　牢記 3 重點，成功獲得同事奧援

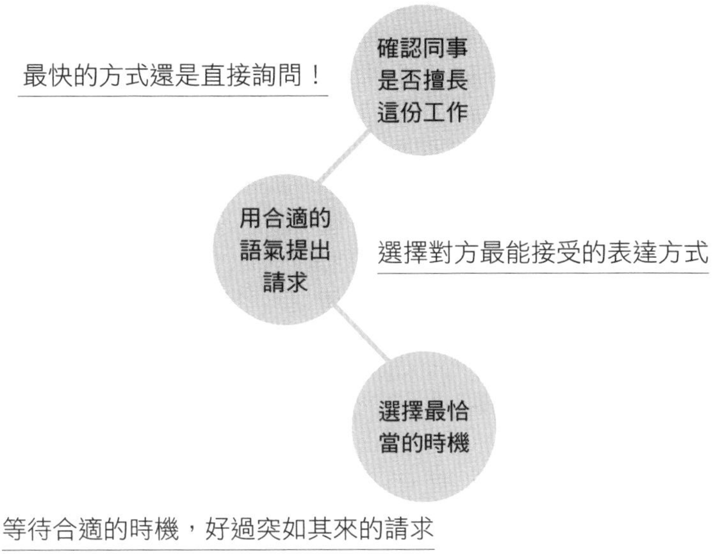

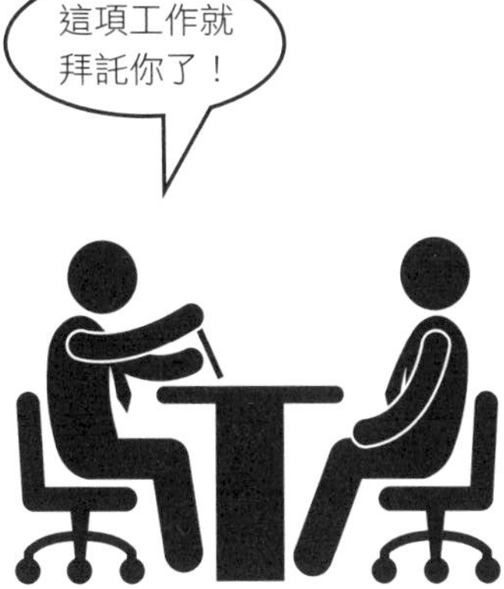

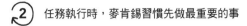

最快的方式還是直接詢問！

等待合適的時機，好過突如其來的請求

這項工作就

受，它甚至在書面交流中也擁有同樣的魔力。

3 選擇最恰當的時機

向同事委託工作的第三個關鍵是「恰當的時機」。這需要我們用心掌握，畢竟拜託他人不是隨時隨地都可以提出的事，而且與其突然走到同事面前，選擇一個恰當時機提出請求會更合適。

不管是授權給部屬還是委託同事，目的都是節省時間，讓工作更有效率，而且**在授權之前，要確認哪些工作可以委託，以及什麼人選適合託付**。

總之，每個人每天都需要處理不同的工作，並非所有的事都能交給別人處理。舉例來說，期限即將到來的工作不適合授權，因為短時間內別人很難完成。

另外，在確認什麼工作可以授權之後，需要選擇最合適的人選。假如找到對這項工作感興趣且能力吻合的同事，便很容易達到預計的效果。如果想知道誰是最合適的人選，最簡單的辦法就是直接在團隊裡詢問。

在麥肯錫，唯有將授權運用自如的顧問，才有機會成為優秀的管理者。當一個人越熟練授權，他的能力就會越大，能擔當的責任也就越多，職位也可能越升越高。他成為高層主管後，會有更多需要授權的工作，因為唯有授權才能節約更多時間，去做更重要且必須由他親自處理的事。

當一個主管學會授權，才稱得上是合格的管理者，因為管理的精髓就是借助別人的力量來完成工作，這一點與授權完全相同。

重點整理

- 「優先原則」：任務管理的關鍵是緊急的事情必須優先處理。我們可以使用四象限圖，劃分任務的緊急性與重要性。
- 「兩分鐘原則」：可在兩分鐘內完成的突發事件，應立刻著手；無法在兩分鐘內完成的事，再用四象限評估。
- 「80／20法則」：將八〇%的精力用在最重要二〇%的事情上，並利用最高效的時間專注完成。
- 將同類的瑣事集中，安排在專屬的時間同時處理，可以確保自己在工作中不被干擾，達到最佳狀態。
- 若疏忽重要細節，可能帶來生命之災。工作完成後，可以檢查最不容易出錯的地方，確保沒有任何疏漏。
- 我們不該在一件價值不高的事情上，花費過多的時間，而要養成果斷決策的習慣。

- 做好事前搜集資料的準備工作，可以讓專案更容易成功。
- 適當地授權給部屬或同事，可以增加合作默契、打造高效團隊，更能節省自己的時間。

Note 我的時間筆記

第 3 章

任務太多時，麥肯錫習慣採取的拒絕模式

怎麼搞定跨部門合作的門戶之見？

即使在工作節奏快、任務繁重的麥肯錫，仍有人可以閒聊，尤其在飲水機旁、咖啡間、廁所門口等離工作環境較遠的地方。

適當交流對釋放壓力、增進同事情感、提高默契，有良好的效果。不過，辦公室閒聊大多與工作無關，反而會浪費時間。當我們想專注工作卻一直被打斷時，會非常不滿。我們的時間寶貴，與其滿懷不悅卻礙於顏面忍著不說，不如主動擬定策略，將辦公室騷擾拒之門外。

在麥肯錫，不想被打擾的員工會採用以下方式表明態度：

- 當同事想閒聊，自己也恰好打算聊天時，約在午餐時間或下班後。

- 察覺到愛閒聊的人走過來時，假裝沒看到並果斷拿起電話撥號，讓對方誤以為自己正要打電話（他不會發現我們有沒有真的撥出去）。
- 當同事談興正濃而忘記時間時，只要保持冷淡的態度，並且簡單地回應「嗯！」或「啊？」對方通常會意識到我們不感興趣而離開。若這樣做無法發揮作用，就直接起身去趟洗手間。
- 在辦公桌上放一個醒目標誌，寫著「閒聊少於五分鐘」、「應專注工作、杜絕閒聊」之類的標語，既能提醒自己，也能提醒他人。

想跨越部門鴻溝，先對時間達成共識

另一類來自辦公室的干擾，比閒聊更難應付，而且容易耽誤工作進度，那就是跨部門協作。

當某項工作需要跨部門協作才能完成時，難度會大幅增加，因為不同部門的工作流程與風格，甚至是工作時間會有些不同，使雙方溝通的難度驟然增加。

順暢無礙的溝通是確保合作成功的關鍵因素，假如無法解決溝通問題，很容易讓工作陷入一籌莫展。如果沒有強而有力的上級幫忙監督，就只能由雙方自行協調。這時，該如何透過有效溝通來協調進度與意見，保證工作順利完成？

對此，**麥肯錫認為在時間上達成共識是關鍵**。雙方應該瞭解對方的時間與進度、尊重對方的安排、遵守共同的節奏與計畫，當因為特殊情況無法按照共同計畫行動時，應盡早告知對方，讓他們瞭解我方的進展狀況，進而調整計畫，保持雙方節奏一致。

根據跨部門合作的人數多寡，以下提供相關經驗給大家參考（見第120頁圖11）：

1 當合作人數較少

當我們只和一位跨部門同事合作時，雙方應保持密切溝通，每一個階段的重要問題都要達成共識。需要交流時，可以主動約時間交流各自的情況。最重要的是，雙方要確認各自負責的部分，並確定具體完成時間。在下次要碰面的期間內，保持密切溝通。

這些共識看似簡單，卻不易做到，因為我們需要認真傾聽對方的意見和建議。當我們認為自己的意見有道理時，應如實說出想法和原因，讓對方判斷；如果覺得對方的意見有道理時，應表示贊同並隨之調整計畫。

當雙方都堅持己見，無法達成共識時，可以採取折衷的辦法，例如：先一起做對方要求的事，做到某個程度後，再一起做自己要求的事。或者坦白告訴對方：「若你不同意做我要求的事，我也不會同意你的事，我們只能一直僵持下去」，相信對方也不希望如此。

2 當合作人數眾多

在跨部門合作且人數較多的情況下，上級會任命一位臨時負責人，假如基於種種因素無法任命，建議自告奮勇接下這項需要率領大家或跑腿的事。畢竟，這是鍛鍊管理能力和人際溝通的絕佳機會，一定會受益匪淺。

在合作人數眾多的情況下，雙方的溝通依然很重要，主要的方式大致分為以下三種：

①在群組發通知或電子郵件：當合作人數較多時，建議使用LINE等社群軟體創立群組，適時上傳進度或有用的資料，有必要時再列印發給每個人。如果要發電子郵件，可以視情況選擇主要發送人，其他則用副本傳送，也可以將進展狀態發送給關心這項工作的上級，讓他及時瞭解你們的進展，也會讓每位參與者無形中感到被監督的壓力。

▶▶ 圖11　根據合作人數多寡，用不同的溝通方式

情況	合作人數較少	合作人數較多
方法	1. 成員間保持密切溝通	1. 建立群組或用電子郵件發通知
	2. 重要問題必須達成共識	2. 定期召開會議、議題必須與多數人相關
	3. 確認各自負責的部分與完成時間	3. 透過不期而遇達成共識

②**定期召開會議：**開會是緊密連結團隊成員的最佳方式。如果會議準備充分、議題與多數人相關，大家會敞開心胸，說出各自的想法或意見，或許會激發許多新點子。

麥肯錫專案負責人安娜非常推薦大家召開會議，她認為舉辦一場成功會議的前提，是所有人都能到場。因此，她總是提前一週通知大家，讓每個人可以提前安排時間。

而且，最好的會議應該是定期舉辦的例會。每次在會議上明確告知下次召開會議的時間，延遲的現象便會銳減。當然，例會並非一成不變。如果當週沒有議題需要討論，就可以取消，並提前通知每位成員。

此外，安娜認為會議的議題和準備工作也非常重要。最好能有一位負責人，提前根據工作計畫的安排，制定每次會議的議題。這個議題越具體越容易幫助大家思考，但並非越多越好，議題與議題之間應存在緊密的關聯，不要過於發散。

另外，確定議題之後，至少要提前三天通知與會者，讓大家都能提前思考。這樣在正式會議時，才有機會聽到較深入的想法。

③不期而遇：在麥肯錫，還有一種看似更靈活的溝通方式，就是偶遇。當我們在公司的非正式場合，例如：飲水機旁、吃午飯時、上下班的路上，甚至在客戶公司的樓下，都有可能偶遇合作的同事。這時，交流氣氛往往會比較輕鬆，說不定在這種氛圍中，可以更進一步達成共識。

假如我們想透過偶遇的方式，與平常關係不好的同事溝通，但又苦於不曾偶遇，就要花點心思，在某個他必定會出現的餐廳裡，假裝不期而遇。或許在這種輕鬆的環境中，他願意和我們小聊一會，就有更大的機會達成共識。

實際上，選擇何種溝通方式只是其次，最重要的是**保持合作雙方的資訊暢通和誠懇的溝通態度**。因此，如果我們真的很想和某個跨部門同事聊聊，卻發現上述的溝通方式都不適合，那就以平靜真誠的態度，直接走向這位同事，微笑跟他說：「我想跟你聊一下工作上的事，你現在方便嗎？」

你是否一講電話就落落長？有這個狀況最好……

電話是令人又愛又恨的發明，我們在工作和日常生活中不能沒有它。但是，當我們接連不斷被它干擾，導致無法專注時，便會對它感到十分厭惡。

針對電話帶來的困擾，麥肯錫提供以下三個技巧，幫助顧問盡可能節省電話使用時間（見圖12）：

1. 詳細記錄每週通話：記錄的要點包含姓名、主要內容、花費時間。

2. 將來電和撥出的電話分開記錄：從一週的通話記錄，我們可以知道經常接到和撥出的電話類型，發現這週的工作重心放在哪些地方、是否需要調整，以及哪些電話沒有必要、可縮短通話時間。

3. 觀察使用時間：我們還能從這份記錄，發現某個時段的來電數量最少，也就是說，這個時段不容易被電話干擾，下週可以將重要工作安排在這個時段處理。

你或許會發現，這份記錄看似沒有很多有用資訊，因此最好針對每通電話，詢問自己以下四個問題：

1. 這通電話非打不可嗎？
2. 這通電話只能由我來接聽嗎？
3. 哪些電話沒有任何意義？
4. 可以精簡這通電話的內容嗎？

圖12　節省電話使用時間有 3 訣竅

技巧	重點
1. 詳細記錄每週通話	記錄對方姓名、主要內容、花費時間
2. 分開記錄	瞭解常接到和撥出的電話類型，調整工作重心、縮短通話時間
3. 觀察使用時間	在來電數量最少的時段安排重要工作

回答上述問題後，接著瞭解該如何具體縮短電話使用時間。

撥出電話得注意6件事

如果我們的通話時間總是過長，或許與習慣有關。想縮短電話使用時間，可以從撥打電話開始練習。在打電話前或過程中，需要注意以下六個要點：

1. 撥電話前，先列出通話大綱

準備大綱的關鍵是扣緊主題，我們可以在紙上列出通話大綱，按照順序寫下重點提示。如此一來，在講電話時，只要傳遞完一個重點，就能果斷進入下一個重點。

在打電話前，可以先問自己：「我想透過電話傳遞什麼資訊？」「我想達到怎樣的效果？」得出答案後再撥電話。當我們講完該傳遞的內容，對方的回饋也達到預期時，就可以掛電話。

另外，將通話中會用到的資料放在手邊，就不用在通話中花時間找資料。假如我們養成在每次打電話前先列出通話大綱，再一步步傳遞重點資訊的習慣，就會節省最多時間。

鮑勃是麥肯錫顧問，以前對使用電話的技巧一無所知。當他收到一通語音要求回電時，連內容都沒聽完，就拿起話筒開始撥號。更誇張的是，他腦海中一有新想法出現，就會迫不及待拿起電話。漸漸地，鮑勃發現當他打電話給別人時，對方正在通話的頻率越來越高。

直到某天，一位朋友向鮑勃坦誠，他的來電總是漫無邊際、缺乏條理，又不專心傾聽別人的談話內容，跟他通話既浪費時間又沒效率。因此，一看到他的來電，就會開啟電話的通話模式。

鮑勃聽到朋友這番話，決定改變自己。透過記錄每週通話並仔細分析，他發現自己可以節省大量通話時間。經過幾週的實踐後，他已成為一個講話井井有條的人。

2. 安排在某個時段集中回電

我們可以在工作效率不高的時段，例如：午飯前一小時、下班前半小時，集中回覆電話，便能有效利用時間。再加上，午餐或下班前的這段時間，對方通常會急著離開辦公室，所以更容易控制時間。

一次只做一件事，可以讓我們更高效、更專注。因此，將打算回覆的電話集中在特定時間內處理，更容易保證通話的品質。

3. 按照輕重緩急排定順序

假如當天需要回覆的電話較多，但時間不夠，我們可以從最重要且緊急的電話開始。若時間實在不夠，不重要且不緊急的電話則安排在第二天回覆。

4. 專注於每一通電話

即使我們提前制定通話大綱，若打電話時不專注，仍會被對方的思路打亂，導致通話時間難以控制。因此，我們必須集中注意力，一邊專心傾聽對方的談話內容，一邊牢記自己的大綱。完成大綱中的一個話題後，立刻引導對方轉向下一個。

當完成所有話題，但對方仍滔滔不絕時，就要巧妙地結束通話。我們可以利用下列說法，自然地為談話劃下句點，讓他不得不掛斷電話：

- 「抱歉，我的老闆來找我。」
- 「不好意思，同事叫我去開會。」
- 「啊！有一通重要電話打過來，我必須現在接聽。」
- 「我再次總結這次通話的重點，看看是否有遺漏的地方。」
- 「你很忙，我就不佔用太多時間了。」

5. 通話過程中，不時瞄一眼鐘錶

通話前，我們一般都會先在心裡預估一個時間。為了提醒自己控制通話時間，可以不時看一下時間，給自己緊迫感，才能更高效地完成此次通話。

6. 其他派得上用場的小技巧

- 當對方正在忙而無法接聽電話時，和他預約下次的具體通話時間。
- 通話前，除了列出通話大綱之外，也可以事先預想對方的回答。
- 想方設法摸清對方最適宜的接電話時間。
- 實在無法和對方通話時，可以選擇用電子郵件、語音留言、簡訊、傳真等方式傳遞資訊。

利用5工具管理來電

我們可以善用各類語音工具，保護寶貴的時間。如果你有助理或秘書，在每天開始工作前，先向他交代今天可能打來的電話及重要答覆事項，讓他管理來電並適當回覆，確保你在某個時段內不會被電話干擾。

如果你沒有助理，可以善用以下各類工具：

1. **答錄機**：使用答錄機是篩選電話最有效的工具，因為它能避免我們錯過重要電話，也能選擇是否要回覆或在什麼時間回覆。而且，對方聽到「嘟聲後請留言」時，往往會在最短的時間內傳達該說的事。

2. **來電轉接**：來電轉接能讓我們從一台電話座機中解放。我們可以將座機與手機連結，讓所有電話轉移至手機上，就能保證不錯過重要電話。切記，要有效篩選來電，對方的電話如果對我們而言很重要，可以選擇當下接聽，假如不是那麼重要，就不必中斷正在做的工作。

3. **根據電話內容，授權給他人**：必要時，如果有人比我們更適合接聽這通電話，請果斷將電話轉移給他。

4. **專注傾聽，迅速理解通話重點**：如果對方恰好不熟悉電話技巧，是通話缺乏條理、不簡練的人，我們可以掌握主導權，透過提出問題引導對方切入重點，例如：「需要我幫忙做些什麼？」總之，一直問到瞭解對方來電的目的為止。

5. 善用耳機：有時會有幾通來電不太重要。當通話內容不需要十分專注時，我們可以同時做其他較輕鬆的工作，例如：整理文件、收拾辦公桌等。特別是每天需要接聽大量電話的職業，利用耳機會更便利。

麥肯錫建議：**能打電話時，不要選擇發郵件；能發郵件時，不要選擇即時聊天軟體**。因為用郵件和聊天軟體溝通所花的時間，多過於通電話，而且在一來一往中，專注力會被打斷無數次，所以想保護自己的工作時間，還是將電話作為首要溝通工具。

怎麼拒絕額外的工作，還不會「變黑」？

當我們正在處理重要工作，計畫已排得很緊湊，卻突然被交辦額外工作時，該如何應對？

多數人都不希望既定計畫被打亂，但基於種種因素難以拒絕，最終答應承擔這份額外工作，於是拚命加班、硬擠時間，想要同時完成手中所有工作。然而，時間和精力有限，最後連一件事情也沒做好。

麥肯錫建議：**對於不是分內且不合理的額外工作，該拒絕時一定要果斷說「不」**。無論我們多麼努力，永遠無法滿足所有要求，因此必須適度抉擇與拒絕。我們可以根據對方的重要程度，或是拒絕這份工作會帶來的負面影響，來決定是否拒絕。

想拒絕額外工作，只要掌握5關鍵

時間寶貴，我們不能任由他人隨意干擾和支配。很多時候，人們面對額外工作時，都能分清楚是否應該拒絕，卻找不到合適的方式。對此，麥肯錫提供五個關鍵，幫助我們適當地拒絕（見第137頁圖13）：

1是否拒絕：「判斷」額外工作對自己的影響

當同事或主管提出額外工作請求時，我們可以先問自己：「如果不做會對我有什麼影響？」「我想處理嗎？」「做這件事會花費我多少時間和精力？」「這件事對我現有的工作會產生什麼影響？」回答這四個問題後，我們會知道自己是否該拒絕。

如果我們認為這份額外工作會影響目前工作進度，而且拒絕不會產生負面影響，就應該果斷拒絕。畢竟，真正有原則的人懂得勇敢說「不」，反而可以獲得人們的尊重，並讓人有安全感。

2 先過心理關卡：做一個「勇敢」拒絕的人

有時候，我們不敢拒絕是因為擔心對方會不高興，這種來自別人的負面情緒，會讓自己產生極大的壓力。

我們應該瞭解，無論怎麼選擇或取悅，總會有人對我們的做法感到不高興。時間總是有限，但別人的期望永無止境。因此，你身旁每個人都可能在他們需要幫助時，向你求助並希望佔用一些時間。

任何時候，人們都面臨各種選擇。我們必須知道，只要有選擇就意味著要取捨，被捨棄的人肯定不會高興，但這是我們必須面對的課題。舉例來說，當我們選擇承擔公司的臨時任務，取消陪伴兒子去夏令營時，他一定非常失望；當我們為了提升團隊整體能力，而辭退總是把工作搞得一團糟的員工時，他可能會心存怨恨；當我們處理突發任務而耽擱某位客戶時，他可能會覺得被冷落，從此不再合作。

而且，我們必須積極做出正確選擇，不要被動等待順其自然。所以，不要理會別人的情緒，那是他們的事。如果他們夠用心，就能從被拒絕中學會待人處世的道理。

3 如何拒絕：需要一些必勝「策略」

以下提供七種拒絕額外工作的對策：

- 即使決定要拒絕對方，也應該先專注、耐心地聽完對方的請求。
- 如果對方講完後，希望我們當下表態，但我們無法回答時，可以告知對方需要時間考慮，並給予明確的回覆時間。
- 如果當場拒絕，要表現出不是不瞭解事情的重要性，而是慎重思考並權衡後才做出決定。
- 表明拒絕時，態度要溫和且堅定，最好能看著對方的眼睛。
- 為了不讓對方過分難堪，我們應該說出拒絕的理由，讓對方明白這不是在拒絕他個人，而是就事論事。

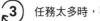

▶▶ 圖13　掌握 5 關鍵，巧妙推掉額外工作

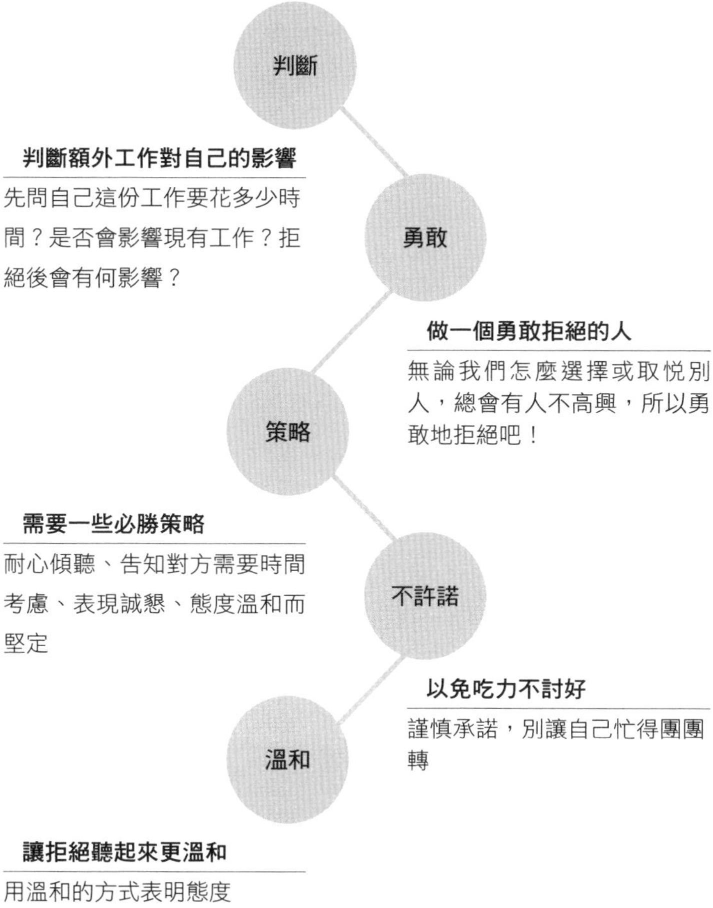

判斷
判斷額外工作對自己的影響
先問自己這份工作要花多少時間？是否會影響現有工作？拒絕後會有何影響？
勇敢
做一個勇敢拒絕的人
無論我們怎麼選擇或取悅別人，總會有人不高興，所以勇敢地拒絕吧！
策略
需要一些必勝策略
耐心傾聽、告知對方需要時間考慮、表現誠懇、態度溫和而堅定
不許諾
以免吃力不討好
謹慎承諾，別讓自己忙得團團轉
溫和
讓拒絕聽起來更溫和
用溫和的方式表明態度

- 表明拒絕後，可以為對方提供意見和建議供他參考。
- 拒絕別人時，最好不要請其他人轉達，而是由自己親自說，才會顯得尊重對方。

4「不許諾」：以免吃力不討好

不要輕易承諾，特別是面對他人的額外請求時。如果我們總是不假思索就一股腦兒答應，會讓自己忙得像顆陀螺，而且成果未必盡如人意，於是對方反而心生不滿。因此，謹慎承諾比較好，即使拒絕對方，也應該相信他可以想到其他辦法，或許會比我們處理得更好。

5讓拒絕聽起來更「溫和」

使我們感到壓力的不是說「不」，而是對方被拒絕後的不愉快情緒。因此，如果能找到溫和的拒絕方式，既可以表明態度，又不會讓對方難以接受，於是壓力變小很多，拒絕也變得更容易。

按照以下兩個步驟拒絕，可以避免讓對方受傷：

①**先做正面回應**：比方說，「我認真聽完你的請求，瞭解這件事情對你很重要……」、「我很榮幸，你在需要幫助時想到我……」、「謝謝你告訴我這些，不是每個人都有勇氣在需要時尋求他人幫助……」、「我知道你現在陷入困境，也真的很想幫助你……」。

②**接下來，不要說「但是」**：如果對方夠聰明，或許已經預期我們接著會說「但是」。這個經常表示轉折語氣的詞會讓他感到不舒服，所以我們應該選用其他詞彙和句子，例如：「然而」或「我不得不跟你說實際的情況」等。

有些人認為，既然打算拒絕別人，就不應該繞圈子，而要果斷地跟對方說「沒辦法幫忙」，因為先給予正面回應，再讓對方失望，會被視為虛偽。但坦白講，這些人的情商有待提升。

很多時候，透過語言表達實際內容是基本禮貌，而同時傳遞態度是更高的層次。運用上述兩步驟，是為了將我們的理解、想幫忙的善意、無法給予幫助的歉意，傳遞給對方。比起簡單的一句拒絕，這麼做會讓對方心情舒服很多。

為了讓對方感受到我們的誠意，可以在最後加上一句：「希望你的事情能盡快得到解決」，但不要說：「你可以過一陣子再來找我」，這很可能給自己和對方留下後患。

以下是麥肯錫顧問史密斯巧妙拒絕對方請求時採取的說法，這種拒絕方式比較容易讓人接受。

史密斯和客戶公司的部門經理約翰曾有一次密切合作，所以彼此熟悉。合作結束後，兩家公司一直保持長期合作，他們也時常碰面。某天，約翰致電史密斯。

「嗨，史密斯，最近如何？」約翰用輕快的語氣問道。

「約翰你好，我最近還不錯，多謝你的關心。你呢？」史密斯說。

「我也不錯。今天找你是因為有一個有趣的活動想推薦給你。這個活動是……，它要求主持人具備……。我立刻想到你，希望你能幫忙主持。你會發現它真的很棒。」約翰問。

「這聽起來確實是不錯的活動。而且我很榮幸你給我這麼高的評價，不過我應該沒機會參與。我最近同時處理好幾件工作，每一件都很花時間和心思。要是我再去接其他工作，肯定無法完成這些事。若我勉強答應你，肯定會因為無法允分準備，而耽誤你的事，所以我決定不去了。」史密斯語氣溫和地拒絕。

接著，史密斯又說：「不過，有好消息要及時通知我喔。」

然而，對於額外的工作，並非一概以拒絕來應對。假如這件事對我們來說很重要，就不應該拒絕。即使這件事會打亂我們的計畫，需要平衡各項工作進度，而且花費額外的時間和精力才能處理好，但這也是值得的。

另一種情況是這件事對我們來說不重要，但對於對方來說非常重要，我們應該勇於接受，畢竟「贈人玫瑰、手留餘香」，若不需要花太多精力就能帶給別人重要意義，可以藉此累積人生中最重要的存款。

主管是造成你時間分配問題的殺手嗎？

大學剛畢業的小蓉，在一間服裝貿易公司擔任內勤職員，工作一週後，在每日的工作總結寫下這段話：

「今天是忙碌又煩惱的一天。老闆上週交代我寫一份新年度的宣傳文案，看起來字數不多，但想要寫得好，需要瞭解許多方面和搜集大量資料，沒有想像中輕鬆。這週六就要提交了，可是老闆似乎覺得我的工作量不夠多，隨時把我叫去幫忙，而且都是需要跑腿的小事。

其實，有些事他可以自己完成，或由助理幫忙，但他總是把瑣事交給我，使得我的思路一直被打斷，整天效率很低。到底該如何拒絕老闆？」

剛進入職場就遇到這種難題，確實很考驗新鮮人，畢竟每個人都希望有效利用自己的時間，完成分內工作，可是來自主管的安排總是難以控制。由於每個主管都有不同的風格、脾氣與喜好，對員工的干擾程度也不相同。

有些主管會有這樣的習慣：當他交代某些工作給員工時，無論其他員工是否參與這份工作，他都要求全程旁聽；當他需要接待客戶時，一定會派部屬過去，無論他們是否有接待的理由和作用；當他靈光一現想起某件事，會立刻安排額外工作給某個部屬，有時甚至幾天後就否定已交辦的事。

面對主管的不合理要求，要適當溝通

麥肯錫認為沒有人是完美的，即使主管也一樣。既然他需要安排工作給你，肯定有時會做出不合理的要求。當主管經常中斷你的重要工作時，應該與他適當溝通，排除他帶來的干擾。因此，麥肯錫建議我們，在與主管或上司溝通時，必須注意以下7個要點（見第147頁圖14）：

1. 共同商定任務完成期限

一般來說，假如主管明瞭我們正在做的工作很重要，且沒有多餘時間，他不會輕易干擾我們，但總會有一些來自主管的額外安排是我們無法拒絕、也不該拒絕的。

因此，主管為我們排定額外任務時，我們可以將手邊既有工作的重要程度、難易程度及最後期限，清楚地告訴他。而且與主管協定新任務的完成期限，讓它對自己的干擾程度降到最低。

我們還可以思考，如何安排新任務的處理進度，才能滿足主管的要求，又不會對既有工作進度造成衝突。然後根據自己的分析，將新任務的處理要點與完成期限記在待辦清單中。

2. 主動及時報告進展情況

不能掌握部屬工作狀態的主管，才會經常替部屬安排任務。所以，我們應該掌握主導權，在主管找上我們之前，先主動與他溝通。將近期的工作進展情況、有疑問或困難的地方，以及自己的解決思路都向他報告。

這麼做一方面能及時獲得主管的指點，避免在最後時刻才發現重大錯誤，另一方面也是提醒他，我們正專注且努力處理他安排的任務。一般來說，上級感受到我們的用心後，便不會佔用太多時間。

3. 在僻靜的地方辦公

假如直覺告訴你，今天主管很可能會替我們安排瑣事，比方說，他上午要接待客戶和參加重要會議，往往會把需要跑腿的事派給某個他能抓住的人。為了避免被主管找到，我們可以去較隱蔽、不太有人出入的地方辦公，例如：會議室、資料室等。

4. 將自己的計畫與主管的保持一致

假如我們和主管正在做同類型工作，或是做同一個專案，而且進度基本上保

圖14　與主管討論工作分配，須注意 7 要點

1 共同商定任務完成期限
2 主動及時報告進展情況
3 在僻靜的地方辦公
4 將自己的計畫與主管的保持一致
5 當主管呼喚你時，帶上未完成工作
6 該拒絕時就要拒絕
7 讓主管掌握任務安排

持一致，那麼來自主管的干擾將會大幅降低，因為他瞭解我們的進展狀況，就如同瞭解自己的一樣。因此，他會知道我們什麼時候需要安靜，而盡量不干擾我們。

另外，即使他真的需要安排某項工作給你，也會盡可能與你正在做的工作保持一致，進而降低造成的干擾。

5. 當主管呼喚你時，帶上未完成工作

我們可以帶著正在草擬的當週計畫、正在撰寫的會議發言稿，或是正在編輯的資料。一方面，我們可以藉著這個機會請教主管的意見；另一方面，當主管接聽電話時，可以低頭繼續做這份工作。這麼做的目的是讓主管知道，我們其實沒有閒著，而且工作很緊湊。

6. 該拒絕時就要拒絕

不管怎樣，對於主管不合理或額外的工作安排，我們肯定會有該拒絕的時

候，因此要學習如何委婉說「不」。以下是一個勇敢拒絕主管的具體案例：

某天，小李正在工作，主管緩緩走過來，對他說：「小李，在阿芳休假的時間裡，你來接手她的工作吧。」

「我很感謝您能為我安排這個學習的機會。這很有挑戰性，對我來說是個很棒的成長機會。但如果我想要盡快熟悉這項工作，並保證好好完成，我希望能獲得您的協助。現在我的工作量相當大，要是接手阿芳的工作，需要轉移一部分現有工作，才能保證每天空出三個小時處理這項額外工作。」小李委婉地回答。

「瞭解，你有什麼工作是可以轉移的嗎？」主管詢問。

「我建議把手上的產品更新工作轉移出去。小勇曾做過這項工作，應該能立刻接手。您可以與他談談嗎？」小李誠懇地說明。

看出上述這個委婉拒絕方式的妙處嗎？關鍵就在於小李說：「我希望能獲得

您的協助。」唯有向主管表明實際情況，他們才會知道，在你目前的工作量上，安排額外工作是不切實際的。

當然，我們一定要當下把握時機，將這句話說出來。否則，一旦我們表態可以接手，第二天才跟老闆說需要轉移現有工作量，你覺得老闆會怎麼想？他可能會以為你因為後悔才找藉口，也可能會認為你是一遇到困難就退縮的人。總之，只要我們一答應，在這件事情上就已經喪失主導權。

7. 讓主管掌握任務安排

當我們讓主管清楚掌握自己的任務安排時，就有機會撤回額外工作。如果將一份密集的工作表直接呈現給主管看，他應該能從中看出我們真的無法抽出時間解決額外工作，於是會決定撤回安排，轉而委託其他人。

「莉莉做事非常精明能幹，幾乎不曾拒絕老闆交代的工作。自然地，老闆越來越常指派額外工作給她，而莉莉也習慣每次都回答：「好的。」但實際上，她心裡想著：「你難道忘記已經給我安排一堆工作了嗎？」

後來，莉莉下定決心要讓老闆明白自己的真實想法。於是，當老闆再次詢問莉莉是否能幫忙時，她將自己上週完成的所有工作，和下週的安排一併拿給老闆看。

老闆看了之後說：「我之前真的不知道原來你每週都有那麼多工作。這件事還是找其他人處理比較好。」

莉莉聽到老闆這番話後，雖然放下心中的大石頭，但很後悔自己怎麼沒有早點這樣做。

麥肯錫提醒我們，在將新任務填寫至清單的那一刻開始，它就不再是額外而是分內了。這時，如果還有不滿情緒，應盡快消化掉，以積極的心態去處理，而且要確保在期限內完成。

主管千萬別做救火隊，因為……

主管如果只將工作交辦給部屬，卻沒有給予必要的指導或幫助，將難以保證最後的結果。因此，解決部屬的疑難雜症是主管的重要課題。很多時候，這個工作會對主管的時間造成很大的干擾，尤其是部屬超過一、兩位時，問題更會層出不窮，導致主管的時間變得零碎，很難專注地完成手邊工作。

對於主管如何解決部屬的疑問，同時保護自己的時間，麥肯錫提出這樣的建議：處理部屬問題時，盡量選擇集中處理，而不是單獨處理，最好的集中方式是開會。

通常，每個部屬在工作進展的過程中，都會遇到疑難問題，而且有些疑問具有共同性。主管為了避免自己一再受到不同的部屬或相同問題所干擾，應該善加利用會議。

不必個別解答問題，善用會議一次解決

會議的好處十分明顯，既可以集合所有部屬，針對同樣的問題解釋一遍即可，還能當下保證所有人都明白工作要點。若部屬在會議結束後，仍有個別的疑惑，也可以透過私下溝通來解決。一般而言，主管安排會議時，必須注意以下六個事項（見第155頁圖15）：

1. **提前排定議題：**管理者應提前針對部屬的疑問進行準備工作，例如：想在會議上解答部屬的哪一類問題，並提出全面的回答。
2. **靈活安排與會者：**如果議題與大多數人相關，就召集大部分甚至全體部屬。如果議題只與幾個部屬有關聯，只須召集相關人員，不必硬要佔用其他人的時間。

3. **答案明確的議題不用開會討論：**基本上，如果議題的答案已經很明確，不需要特別安排會議，可以用書面資料或電子郵件，通知大家取消會議。

4. **解決部屬問題的會議定為例會：**如果時間允許，針對部屬疑問的會議最好定為例會。這樣一來，部屬會養成將問題集中在例會上提出的習慣，而不是隨時打擾主管。

5. **例會要有兩個環節：**首先，主管要講解基本重點，或瞭解每位部屬的工作進展。再來，要讓每位部屬提問，切記要給足提問的機會和時間，同時針對部屬的所有問題，立即給予明確答覆。如果實在無法當下回答，可以在會議結束後，以電子郵件的方式回答。

6. **嚴格控制會議時間：**保持議題緊湊，避免無意義的空談。既然是例會，每次都需要大家付出時間參與。因此，會議時間要盡量縮短。切記，會議一定要圍繞議題展開，否則會過於散亂，讓部屬因為時間被過度佔據，而急於結束，導致原本想提問的人也罷休。但是，當部屬無法解決問題時，還是會直接找主管。

圖15　高明的主管善用會議，處理部屬問題

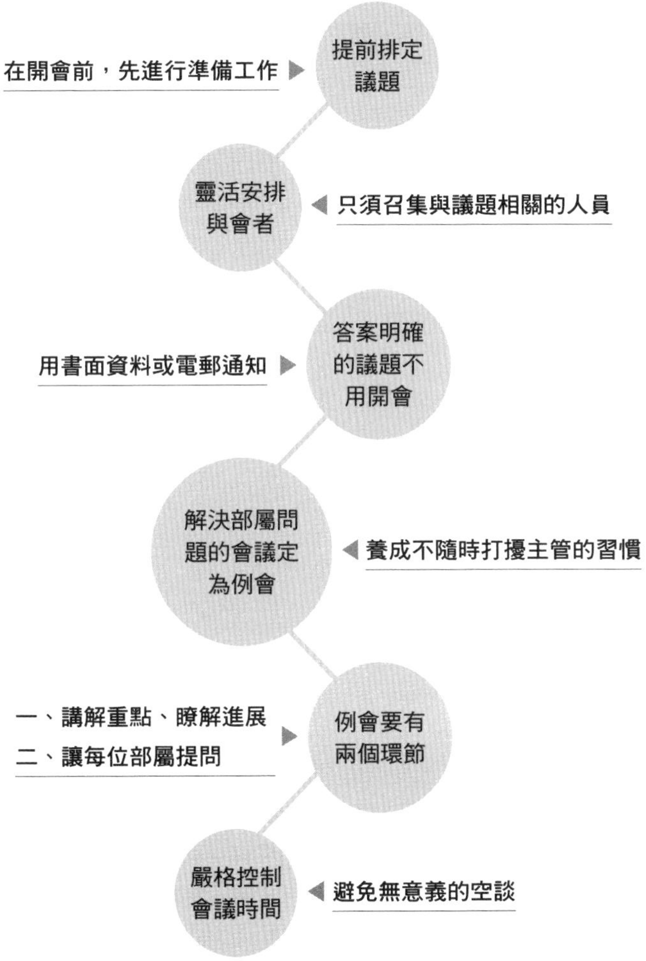
在開會前，先進行準備工作
提前排定議題
靈活安排與會者
只須召集與議題相關的人員
用書面資料或電郵通知
答案明確的議題不用開會
解決部屬問題的會議定為例會
養成不隨時打擾主管的習慣
一、講解重點、瞭解進展
二、讓每位部屬提問
例會要有兩個環節
嚴格控制會議時間
避免無意義的空談

除了開會，還有5方法

除了盡量運用例會保護主管的時間之外，麥肯錫還提供以下五個方法：

1.重視員工的定期培訓：唯有平時做好員工培訓，主管才能放心授權，大膽給予部屬自由，鼓勵他們利用在培訓學到的知識承擔更多責任，發揮能力尋求問題解決方式。如果平時沒有開設員工培訓，或做得不夠全面和實用，問題就會層出不窮。因此，可以將定期培訓員工，作為公司的重要工作之一。

2.引導部屬善用備忘錄：主管可以建議部屬，將工作中隨時出現的疑難問題記錄下來，累積到一定的量之後再尋求解答。不建議他們一遇到問題，就打擾主管的時間和思路。

3.培養得力助手：花心思和精力培養一位或多位得力助手，委託他們集中部屬的疑難問題，並在你安排的時間內找你。如此一來，主管便能掌控時間，不讓思緒被他人隨意打斷。

4. 分工要明確：部屬的分工一定要明確，盡可能在每個業務範圍培養一位得力部屬。當其他員工有問題時，鼓勵他們先跟這位專家討論。

5. 引導部屬善用電子郵件：主管可以引導部屬用電子郵件提問，這麼做有兩個優點：讓重點一目瞭然、容易把握，讓主管的寶貴時間不被切得零零碎碎。

就有效規避部屬干擾、保護主管時間這方面而言，微軟高階主管潘正磊無疑是我們的典範。

潘正磊是微軟華人員工當中職位最高的女性，她的成功絕非偶然。在工作上，她具有諸多備受讚揚的特質，但最重要的一點是她對自我時間的保護。

潘正磊剛進入微軟時，擔任軟體發展工程師，當時她所屬的小組同時與多個部門、團隊或同事保持頻繁溝通。可想而知，潘正磊每天的時間都被切割得非常破碎。從早上開工直到下午下班的期間，她的辦公室甚至可以用人流如梭來形容。

剛開始時，每當有人來找潘正磊，她都是趕快放下手邊工作，傾聽對方的問題，並盡快答覆或解決。

但到了後來，她意識到繼續這樣下去，每天將會忙得團團轉，卻連一項重要工作也無法完成。她的下班時間被越拖越晚，工作效率卻越來越低。

於是，潘正磊經過幾番思考後，選定一個較合理的時段，專門用來解答他人的問題。在除此之外的時刻，則需要安靜和專注。

潘正磊因為有效保護自己的時間，才能完成一項又一項重要且出色的工作，最終在非常短的時間內，成功晉升為微軟高階主管之一。如果當初她沒有改變，一直像消防員一樣疲於應付他人，肯定不會有今天的成就，頂多是一個任勞任怨的團隊負責人而已。

唯有確實保護自己的時間，別人才會尊重你的時間。我們生活中的一切美好都是從時間中誕生，包括取得工作成就、經營家庭、做自己想做的事等等，每一樣都需要時間。所以，保護自己的時間就是在守護人生。只有當我們瞭解保護時間的重要性時，才會開始認真思考，該如何做好工作，又免於他人的種種干擾。

重點整理

- 想克服跨部門合作的鴻溝，你需要在時間上達成共識，隨時確保雙方節奏一致。有狀況時，應盡早告知對方，進而調整計畫。
- 想縮短電話使用時間，可以詳細記錄每週的通話，將來電和撥出的電話分開記錄，並觀察使用時間。
- 面對額外工作時，要根據它的重要性與影響，來決定是否要拒絕。若應該拒絕，一定要果斷說「不」。
- 如果主管不斷交辦工作給你，或是佔用你許多時間，讓你忙得焦頭爛額，一定要與他溝通，並主動讓他掌握你的工作分配狀態。
- 主管可以將部屬的問題集中處理，尤其是利用開會的方式，這樣可以減少被干擾的次數，同時避免思緒被打斷。
- 平時做好員工培訓，可以讓主管更放心授權，讓員工更願意承擔責任，還能減少員工出問題卻不會解決的狀況。

● 唯有嚴格保護自己的時間，別人才會尊重你的時間。

Note 我的時間筆記

第 4 章

任務卡住時，麥肯錫習慣運用的解套思維

下班前做2件事，可以改善拖延症候群

「今日事，今日畢」是我們從小聽到大的座右銘，對於任何人的學習、工作及生活都具有重大的指導意義。它象徵積極、負責、堅定的人生態度，代表如期完成的重要性。不過，真正能落實的人卻很少。

多數人往往會將今天該做的事拖到明天或後天，甚至一直拖到事情徹底泡湯為止。舉例來說，某天客戶來電，要你抽空為他們的新人進行產品演示和講解。你答應了，卻遲遲沒有行動。從週一拖到週三，又因為種種原因而從週三改為週五。當你終於準備打電話給客戶時，才聽說客戶已經約了另一位同事，那位同事第二天就圓滿完成任務。

於是，你開始懊惱，後悔自己沒有把握這個好機會。同時你也知道，這次的教訓完全歸咎於自己的拖延，如果能馬上行動，機會絕對不會白白流失。

在麥肯錫看來，實現「今日事，今日畢」是有技巧的。以下三個方法供我們參考：

早上要用來行動，而非計畫和準備

如果我們進入辦公室，才開始思考今天該做哪些事、如何安排等等，再加上收發電子郵件、喝杯咖啡之類的瑣事，實際上我們從中午才開始真正行動，便難以保證在今天之內做完預定工作。

而且，上午八點至十一點是多數人的高效時間，我們應該有效地利用這段時間，一進辦公室就開始行動，而不是準備行動。我們應該將準備工作，提前至前一天下班前或晚上完成。

具體來說，我們可以按照以下三個步驟，擺脫將事情拖到隔天的習慣：

1. 下班前，做好整理工作

為了確保早上一進辦公室就能立刻投入工作，必須在前一天下班前，做好整理工作、標記未完成的事項，因為我們可以知道今天已完成哪些工作、尚未完成哪些。如果將整理工作留到第二天早上才做，花費的時間將會大幅增加，因為我們可能會遺忘昨天的狀況。

2. 收發郵件改為下班前做

許多人有這樣的習慣：早上進公司打開電腦後，先收發電子郵件或語音訊息，處理完這些資訊後，順便瀏覽當天的新聞，之後才正式進入工作狀態。

當我們做完上述這些事情，半天已經過去，而且有時還會有突發事件打亂計畫。在這種情況下，今日事今日畢往往只是理想狀態。因此，回覆電子郵件，可以調整到前一天下班前或晚上處理完畢，而且早上一進公司，不要先瀏覽新聞，因為會分散注意力，要留到中午吃飯時再看。

3. 睡前做工作總結

在睡前做好當天的工作總結，並決定隔天進公司要立刻著手的工作。將整理、歸納、總結和計畫這類事情，全部放到前一天晚上完成。如此一來，早上一進公司才能更輕鬆地進入狀態。

踏入公司，立刻進入工作狀態

當火車在停止狀態時，拿一個小木板擋在輪子前，它將無法順利啟動；相反地，一輛飛馳中的列車可以輕鬆穿透一棟牢固的建築物。這就是行動的力量帶來的巨大差異。

人也是如此，假如總是耽於幻想、遲遲不肯行動，那麼再精妙的想法也無法付諸實現，而只是空想，像泡沫一樣不切實際。不過，當我們著手行動，代表開始走出自己的人生。因此，當拖延症發作或遲遲不想行動時，可以透過以下三個方法，督促和鼓勵自己：

1. 不肯行動時，先設定簡單的目標

當我們遲遲不著手寫一份五千字的計畫書時，可以先從寫五百字開始，讓自己在一分鐘內願意行動。我們可以告訴自己：「今天我只寫五百字，寫完就成功了。」一般而言，寫完五百字後，會想要再寫六百字、甚至八百字。透過這種方式，就能如期完成一份完整的專案計畫書。

2. 害怕出錯時，先試著開始行動

錯誤的開始也可能是成功的一半，只要採取行動就一定會有收穫。即使這個行動起初看似個錯誤，我們也能從中獲取寶貴經驗，調整下一步的方向。

3. 狀態不佳時，透過行動快速進入狀態

很多人在沒有靈感、狀態不佳或找不到思路時，會以此為藉口而不肯行動。

而且，他們往往會選擇用其他方式放鬆自己，以期盡快進入狀態，但其實快速進入狀態的方式只有行動。或許我們是從被動的狀態開始，但隨著持續行動，會慢慢找到手感。

一味等狀態變好才開始工作是不切實際的，因為這可能需要很久的時間，而且我們無法確保自己在每個工作日，都保持良好的狀態，假如狀態不好就不付諸行動，離任務的最終完成日便會遙遙無期。

很多時候，拖延症會讓人陷入惡性循環，進而害怕開始工作，刻意用另一件事來回避，但是整個過程中，仍不敢著手行動，而且越來越擔心無法如期完成，導致越來越害怕。

行動是徹底打破這個惡性循環的唯一方式。我們一旦開始行動，就能保持專注和平靜，將會逐漸遠離恐懼。即使前期的拖延導致工作無法按時截止，也不會過於慌張，因為我們知道圓滿完成不再是個泡影。這種感覺會讓我們無比踏實。

根據現實狀況，調整每日工作清單

假如你是不折不扣的行動派，每天工作狀態都很良好且高效，卻依然在下班時發現，清單中的工作無法順利完成，於是不得不將其推到第二天。這種感覺讓你非常沮喪，懷疑自己是否不夠努力或工作方法有待提升。

其實，我們不必為此煩惱。制定每日工作清單，只是為了輔助自己管理工作計畫，「今日事，今日畢」也只是為了督促自己盡早開始行動。如果你已經是高效的行動派，不必過分拘泥於此，可以重新調整每日工作清單，適當縮減部分工作量。

那麼，該怎麼安排我們的工作量呢？其實，最好的安排是在高效狀態中依然能達到平衡的工作量。

利用零碎時間，你一年多完成365件事！

日常生活中，處處充滿著零碎的時間，如果我們夠細心，會發現這些零星時間，經常被白白浪費。大多數人會將這些零碎時間，例如：在銀行辦事、在餐廳吃飯、搭乘公車等，用來滑滑手機消磨時間，卻又覺得自己時間不夠，永遠有很多無法完成的工作。

因此，麥肯錫提醒我們：要好好利用零碎時間。不要小看短暫的十分鐘或二十分鐘，如果我們善加運用，其實可以做很多事。舉例來說，在十分鐘內讀五頁書、打一通重要電話、構思新文案的內容，甚至冥想或做瑜伽。如果有二十分鐘，可以將當天的電子郵件回覆完畢。**假如我們每一天都能認真對待零碎時間，長年累積下來，也能利用這些時間完成一件大事。**

高效利用每一分鐘的4技巧

善於利用零碎時間，不是要求我們每天從早到晚都不休息，而是強化我們掌控時間的觀念，更高效地利用每一分鐘的時間。因此，我們可以根據麥肯錫的建議，活用以下四個技巧（見第176頁圖16）：

1. 主動利用通勤時間

當從某地前往另一個區域時，總有一些等待時間，這時不該白白浪費掉。有些人會選擇閒聊、滑手機上的社交軟體、隨便翻看交通工具上提供的廣告等等，但其實最好的作法是根據零碎時間的長短、當時的環境或工作清單，充分利用時間處理事情。

2. 尋找一心多用的方式

當我們正在處理不需要全神貫注的事情時，例如：盯著烤箱、去超市買一瓶鮮奶，不妨一心兩用做另一件事。

舉例來說，被譽為「魔法媽媽」的英國作家J. K.羅琳，就是在帶孩子的過程中創作膾炙人口的《哈利波特》。當她沉浸於創造時，生活中的銀行櫃員、超市店員，甚至連普通路人都會帶來靈感，讓她在腦海中構思魔法人物的形象。

3. 在固定零碎時間做固定的事

許多功成名就的人都是利用零碎時間的典範，這是判斷一個人能否珍惜並管理時間的重要標誌。

我們每天都有固定的零碎時間，例如：早上坐一小時捷運、下午烘烤蛋糕等等。如果我們花點心思，利用這些固定的零碎時間，將會受益匪淺。最好的方式就是在固定的時間做固定的事，比方說，每天早上在公車上閱讀一本書，並制定每次讀二十頁的計畫，幫助自己養成習慣。時間一長，每當我們在公車上，就會習慣拿起書，繼續閱讀沒看完的地方。如此一來，不再自然而然拿出手機來滑。

▶▶ 圖16　把握工作與日常生活的 4 空檔

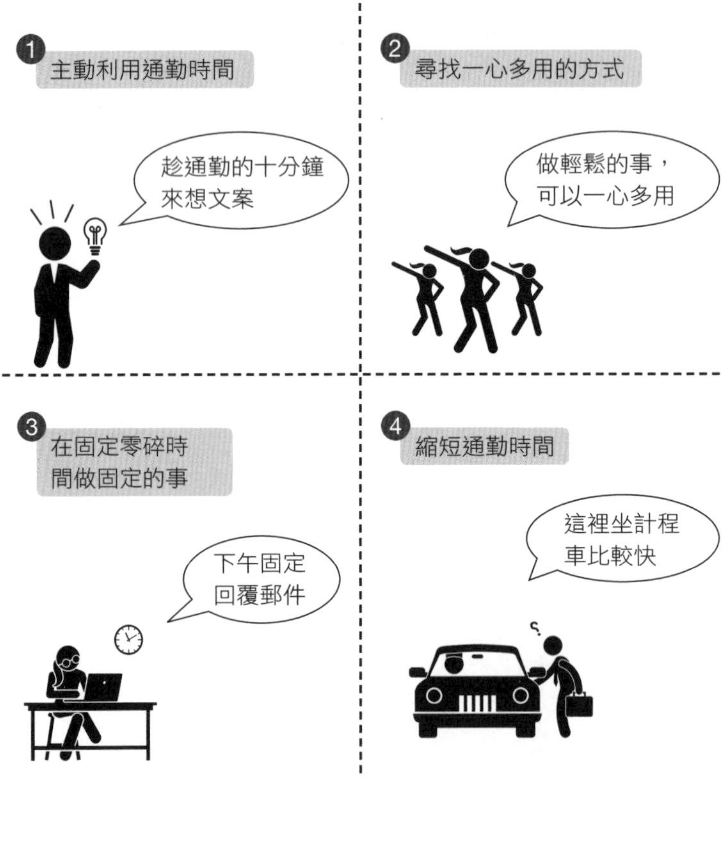

4. 縮短通勤時間

如果你實在不知道該如何利用零碎時間，最好的方式就是手腳靈活點，以最快的速度移動至另一處，減少等待交通工具的時間。

找出各時段的瑣碎時間

學習上述技巧之後，你或許對把握零碎時間有了大概的瞭解，想知道實際用在生活和工作中的方法。因此，我們一起看看，大部分的人從早到晚的零碎時間有哪些，以及該如何有效利用。

早上的準備時間

每個人從早上睜眼到坐在辦公桌前，都需要時間做準備，像是刷牙洗臉、吃早餐、通勤等。除了通勤時間之外（因為通勤時間很難改變），大多數人能在四十分鐘內完成。

我們可以試著壓縮這段時間，有些人能在十五分鐘內完成，因為他只做最基本的事，例如：洗漱、吃早餐、穿衣服等。美國前總統歐巴馬為了節約這部分的時間，會一次確定七種早餐樣式，每天輪流享用。臉書創始人馬克・祖克柏（Mark Elliot Zuckerberg）則是只穿同一款T恤。因此，他們每天早上不必浪費時間思考要吃什麼或穿什麼。

如果壓縮時間對你來說有難度，那就試著延長吧。有時候，增加一些時間來處理需要思考、計畫的事情是一件好事。舉例來說，可以提前半個小時起床，增加洗澡時間，因為可以安靜地反省和思考，並保持一整天的清爽。

對於什麼時間起床，每個人的答案都不盡相同，但是一日之計在於晨，提早起床能更從容地做好當天的各項準備，也會有一種早起的鳥兒有蟲吃的感覺。

通勤時間

許多人對於在通勤上花太多時間感到困擾，這個問題在大城市中更是普遍。

這裡建議你：搬到離公司近一點的地方。花兩、三天，甚至一週找一個合適住所，就可以從此節省每天兩個小時的通勤時間，實在很划算。

對大部分的人來說，搬家可能是不太現實的建議。**因此，你應該好好利用這段時間**。如果你坐捷運或公車上下班，選擇的範圍會很廣泛，例如：在車上讀書或規劃當日工作。如果你自己開車，為了安全起見，可以聽有聲書或培訓錄音。

茶歇時間

我們應該利用這段時間好好放鬆，做頸部體操是不錯的選擇。如果你不是非常疲累或緊張，可以處理瑣事，例如：跟同事聊一下彼此的工作進展和疑難問題、回覆語音留言、給家政公司打電話預約上門服務等。

午餐時間

經過上午的緊張忙碌，我們的大腦與身體需要從工作中解脫，獲得暫時的放鬆。午餐時間能幫助我們補充體力、調節情緒。我們可以根據自己的喜好，選擇喜歡的餐點，有時美味的食物能讓原本糟糕的心情好起來。如果有必要，可以在吃完午飯後，到附近的體育館或健身房鍛練身體。

休息可以保障高效的工作，**如果不重視午餐時間，將這段時間全部用來加班，下午的效率將會大打折扣。**

「麥肯錫諮詢顧問彼得對午餐的意義深有體會，他剛擔任專案負責人時，工作壓力和緊張情緒使他總是草草吃幾口漢堡，就繼續投入工作，因為他認為花費一個多小時吃午餐太浪費時間。

但是幾週後，他發現自己的工作狀態越來越差。當工作壓力增大時，他很容易焦慮和失控，經常對同事發火。另外，他的效率越來越低，難以長久維持專注力。後來，主管建議他恢復午餐時間。於是，每當午餐時間一到，他就離開辦公室，專心享受午餐時光，而且不再只吃漢堡，開始嘗試各種不同的健康食物。

當他在餐廳裡偶遇同事時，心情總是很愉快，彼此的溝通更是和諧、輕鬆。在慢慢吃完午餐，重新回到辦公室時，他覺得自己已經重新恢復精力，可以繼續為下午的工作奮鬥。

經過上述分析，我們知道每個人都需要在不斷的實踐中，找到適合自己管理零碎時間的方法。最重要的是，當我們管理這些時間時，要記得保留休息時間。畢竟，管理零碎時間只是為了善加利用時間，而不是消滅它。

【一次原則】一次搞定能節省重複做的時間

「第一次就將事情做好」是降低失誤率、提高效能的最佳方式。**想避免重複工作，或在最短時間內完成最多工作，最簡單的方法就是第一次就將事情做好。**

麥肯錫的新進顧問經常會聽到這樣的培訓內容：「當你用完資料後，不要隨手放置在某個地方，而是當下歸回原位。」如果我們沒有在第一時間將事情做完，就需要再花費時間與精力去做第二次，甚至第三次。

生活中，我們常常在用完某個東西後，沒有立刻放回原處，當想再次使用時，卻無論如何也找不到，於是花費大量時間翻箱倒櫃，而這些時間早已超過第一次將它歸位的時間。

很多人之所以不能在第一次就將事情做好，是因為自認為時間緊迫、無法顧及細節，但實際上，這是只看眼前而不做長遠規劃。要知道，我們的目的是將事情做好，而不是為了草草應付。

既然想將工作做好，又不希望佔用太多時間，就必須選擇在最短時間內一次做好。對公司來說，這樣做可以有效縮減後續的修改程序，並節省大量成本和各項資源；對個人來說，這樣做也會為自己節省時間和精力，避免浪費時間重新處理。

「麥肯錫顧問賈斯汀在多年的職業生涯中，養成一個非常好的習慣，就是「每項工作永遠只做一次」。他工作速度不算快，總是慢條斯理，但每當他開始著手一項工作，都是思路清晰、反應迅速，全神貫注地投入。

雖然他每天完成的工作看似比別人少很多，但是當他放下一份工作後，不太需要花時間回頭處理，即使後續有地方需要修改，也都是非常小的更動。

賈斯汀認為，既然這件工作很重要，自己也具備將工作做好的所有條件，為何不一次做完呢？如果不能一次做好，下次不一定能保持清晰的思緒，而且得花時間重新熟悉工作，實在太沒有效率了。

這個好習慣幫助賈斯汀在工作上取得卓越成就，因為他經手的工作總能一次通過，不僅為他省下大量時間，更在主管、同事及客戶心中贏得好口碑。

如何養成一次就做好的習慣

具體而言，麥肯錫建議從以下三個重點著手，讓自己養成第一次就將工作做好的習慣。

1 盡量一次處理完一項工作

如果我們無法第一次就將事情做好，至少要確保每次都能朝目標推進一步。假如工作較繁重，無法在某個時段內一次完成，就需要將工作細分。如此一來，每次拿起其中一小部份的工作，依然可以一次解決。

舉例來說，你有一個繁重的工作需要馬上開始，但你覺得它無法在短時間內完成，就可以告訴自己：「現在我可以先發電子郵件，和同事溝通這個工作的疑點。」當你這麼做時，已經有了很好的開始，之後再處理這份工作時，說不定就能依照同事的建議，著手撰寫計畫了。

2 不苟求完美

一次就將事情做好，並不是要求把事情做到完美無缺，而是強調「應該保持專注與高效的態度，不要總想著先應付一下，下次再找時間處理。」

不過，我們不應該太過極端，要麼敷衍了事，要麼孜孜不倦、力求完美，其實後者不能幫助我們實現高效，反而會過度耗費精力。因為工作完成後，總會有人提出意見，並且我們需要傾聽意見，再做調整或修改，所以千萬不要單方面花過多時間力求完美。

假如你是位主管，也要確保不過分苛責部屬的工作。如果你想請他修改他的企劃或文案，要在事前先問問自己：「這個真的有必要修改嗎？」假如你發現自己為了追求完美，而花費太多時間，建議你立刻停下來，問問自己：「是不是還有其他更重要的工作需要處理？」

3 善用前人的經驗

想第一次就將事情做好，既需要良好的工作態度，也需要有效的方法，「善用前人的經驗」就是最節省時間的方法。如果我們在做事之前，多向有經驗的人學習，就能少走冤枉路，並降低失誤率。

在現代社會中，多數的商業問題都有相同的解決途徑。有時候，運用少數幾個商業原則，就能廣泛解決不同行業與企業的各種問題。這些原則需要我們用心發現，有的會藏在書本中，有的則在主管和同事的經驗裡。

當我們遇到一個棘手的難題時，說不定某個人已經歷過同樣的過程，而且對此問題進行深入研究。他可能是我們的同事、老闆，也可能是某個專家。試著向他們請教，對方應該會樂意分享經驗。

第一次就將事情做好，是麥肯錫的工作理念，值得所有企業與工作者學習、模仿。如果我們可以在生活中實踐，也能總結出最適合自己的時間管理術。

預留休閒時間，因為腦袋清楚能更快完成事情

不管我們多麼善於管理時間、在一定的時間內做再多的工作，都不要忘記：只要活著，事情永遠都做不完，因為世界總是不斷在變化，每個人都會不由自主地被隨時發生的事推著走。如果我們抱有「等一切都忙完再休息」的想法，還是趁早改變吧。

當你感到疲憊，就應該適當休息

休息是日常生活中的一部分，不要等到身體無法負荷才休息，而是在當下需要休息時，就留一些時間給自己。

麥肯錫認為高強度、快節奏的工作狀態，能讓新進顧問迅速成長，但也會讓他們毫不猶豫地離開公司。每個人都需要休息，也需要保有自己的時間，否則無法長久維持高效的工作狀態。

當然，有很多被稱為「工作狂」的人，看似不太需要休息。他們對工作持續保持狂熱，甚至像是上癮般從不休息，既沒有週末也沒有假日，對陪伴家人和孩子也毫無興趣，如果離開工作，似乎找不到任何成就感和樂趣。你會認為他們擁有成功的人生嗎？

積極的休息能幫助我們在較短時間內，緩解心理壓力、恢復身體能量，有別於單純地睡懶覺、什麼都不做或看電視等，是值得推薦的放鬆方式。

一般而言，從事腦力勞動的人長時間坐在電腦桌前，身體保持同一種姿勢、注意力高度集中，時間一久，便容易產生頸椎刺痛、眼睛疲勞、思維混亂等疲憊症狀。

實際上，這是身體發出的訊號，提醒我們應該適當地休息，以調整身體狀態。如果我們覺察不到這樣的訊號，或是不將它放在眼裡，將會引發重大的身心靈疾病。

我們在日常生活中做的任何一件事，都會消耗或多或少的能量，而能量被消耗之後，需要及時補充。因此，使用能量應遵循「長跑」原則，而不是極限式的「短跑」。想要達到這種平衡狀態，最好採用一張一弛的工作方式。

運用番茄工作法，為自己設定休息時間

想平衡休息與工作，建議使用著名的番茄工作法（見圖17）。基本上，番茄工作法是在工作二十五分鐘後，給自己五分鐘的休息時間。為什麼休息時間定為五分鐘？因為很多瑣事都可以在五分鐘之內完成，例如：沖咖啡、吃甜點、做舒緩運動等。

這些小事能幫助我們抽離當前的緊張狀態，獲得放鬆，又不會因為間隔的時間太長而中斷思路。所以，在辦公室工作一整天的人可以運用此方法，讓一天的工作張弛有度。

在休息的五分鐘之內，我們可以聽一首優美的音樂、冥想或深呼吸，或是在陽臺和走廊走走，放鬆僵硬的身體，或是保持站立、做些體操，這些都是有效放鬆的好方法。

另外，利用午休時間小睡一會兒，是恢復精力的好方法。如果能進入睡眠狀態，效果會更好，但實在沒辦法入睡時，可以安靜地打坐禪修，或是進行一段較長的冥想，能讓自己在最短時間內，釋放身心的緊張情緒，達到平靜的狀態。

但是，假如你像麥肯錫顧問一樣忙碌，每週工作高達八十小時以上，那麼

圖17　「番茄工作法」讓你在緊繃中鬆一口氣

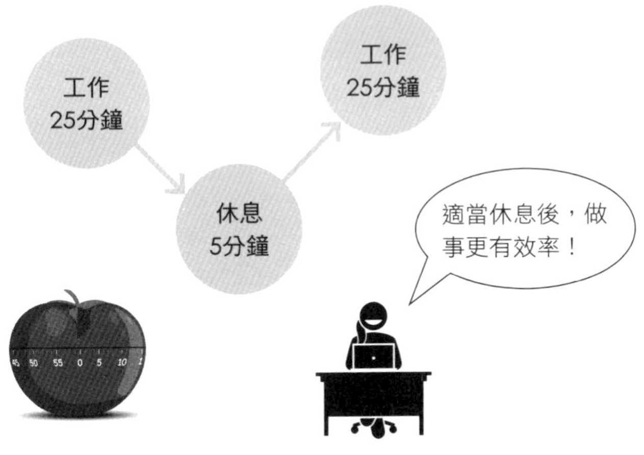

按照番茄工作法安排每天的作息，可能會有點不切實際。在這種情況下，假如你想要保有自己的時間，必須尋求其他方法。

平衡工作與休息之外，別忘記生活時間

麥肯錫顧問迪克蘭在公司有一段難忘的回憶，那時候他和女友認識不久，還處於熱戀狀態，但是兩人根本沒時間像其他戀人一樣，在假日開心地約會。

當時，麥肯錫正在為一家大型貿易公司，提供專案服務，迪克蘭是這個專案團隊的成員，而他的女友恰巧是那家客戶公司的員工。在長達半年的時間中，他們幾乎每天一起工作和加班，經常到了凌晨，才放下手邊的工作。

後來，迪克蘭想要結束這種沒有一般生活時間的日子，於是在和很多

同事交流及討論之後，找到平衡工作和個人生活的方法。

看完上述的例子，是不是很想瞭解平衡工作和個人生活的方法呢？以下將提供三個方法，供大家參考（見第194頁圖18）：

1 每週至少一天不工作

上述例子中的迪克蘭，選擇在週日不工作。他將這件事告訴同事和老闆，甚至提醒自己：「除非有必要，否則週日絕對不過問任何與工作相關的事。」幸運的是，他的老闆表示理解，並盡力配合他的安排。

迪克蘭發現，讓自己遵守這項規則十分困難，卻是一件很重要的事。當我們習慣把工作擺在人生中的第一順位時，便很難讓自己一整天都不管任何與工作相關的事，但是迪克蘭經過幾週的適應，最終做到了。

每到週日，他多半與家人或朋友待在一起，偶爾選擇獨處，他也會健身、看雜誌等，讓大腦遠離工作。當他確實這樣做時，老闆和同事也越來越尊重他的原

圖18　成功者都這樣平衡工作與生活

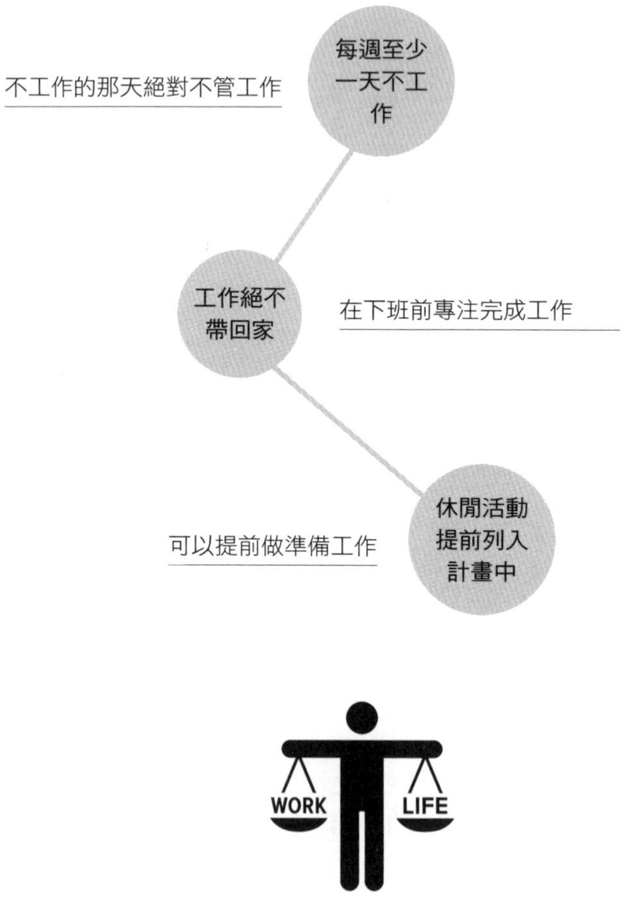

則，而他在下週的工作中也能保持很好的狀態。

2 工作絕不帶回家

迪克蘭把辦公室和家嚴格分開。他盡量在工作時間內保持高效和專注，確保在辦公室結束當天的工作，如果實在做不完，他會選擇加班，而不是將工作帶回家繼續做。

對迪克蘭來說，家代表著陪伴家人、養精蓄銳的地方。在他這麼做之後，他的家人從家庭中感受到更多的放鬆和陪伴。

3 休閒活動提前列入計畫中

當迪克蘭想在本週看一場電影時，他不會被動地等待時間自動空出來，因為他知道如果只是等待，就永遠看不成這場電影。所以，他將看電影的計畫提前安排好，列在自己的計畫清單中。有了明確的計畫後，他會提前為這場電影做必要的準備，例如：早起一個小時到公司，或提前執行工作等。

蘋果創辦人賈伯斯，也會適當休息

適當的休息也能幫助人們從僵局中釋放。蘋果公司創辦人賈伯斯（Steven Jobs）有一項眾所周知的興趣——禪修，這是一種徹底遠離工作和身邊一切人事物，並專注於自己內心覺受的休息方式。

賈伯斯每當在工作上遇到僵局時，從來不會不眠不休地埋頭鑽研，直到僵局突破為止，而會選擇放下工作、適當休息。有時候，他甚至會在辦公室持續打坐一整天。當賈伯斯透過禪修安定自己的心靈時，就像智慧之門被打開一樣，他的心可以自然而然地化解僵局。很多蘋果產品的創新之舉，都是賈伯斯在禪修狀態中靈光閃現的結晶。

美孚石油公司創辦人約翰・洛克菲勒（John D. Rockefeller）既有錢又長壽，總是在午休時小睡半個小時。當他休息時，哪怕是總統打電話來也都拒接。

如果我們想維持良好的工作狀態，必須好好休息，而且透過不斷的摸索與嘗試，找出最適合自己的休息方式。當我們有固定且有效的休息方式時，會發現自己的精力和體力變得更好，工作狀態也不再像從前一樣低落，這表示我們已經朝著高效人士跨進一大步了。

為何負面情緒是做事的頭號敵人？

每個人在面對工作時，都曾經產生一些負面情緒。此時，不管我們原本多麼能幹與高效，不管這個工作原本多麼簡單，都無法好好完成。

不僅如此，我們還會對工作產生排斥、厭惡或逃避的心理，導致從前累積的時間管理術都派不上用場。因此，麥肯錫認為，**負面情緒是高效工作的頭號殺手**。

職場負面情緒導致工作延宕

以拖延症為例，你遲遲不肯開始一項業績考核工作，或許是來自內心的焦慮，因為考核意味著獎懲，獎懲代表著某些人將會極度不滿甚至抗爭，而你恰好最不擅長處理此類事件。這種工作中的拖延情況，不是個人的時間管理能力差或不夠勤奮所造成，而是一種情緒問題。

類似的狀況在職場中還有很多，例如：當一個人被老闆頻頻斥責：「趕快完成文案」；當一個人的直覺告訴他：「某項工作將非常耗費心力」；當一個人知道傳達壞消息會引發對方脾氣，這個人會產生憤怒、抵觸或恐懼的情緒，進而遲遲不肯開始寫文案、著手某項工作，或傳遞壞消息。

心理學告訴我們，任何情緒的產生一定有其原因。每個人都會出現負面情緒，只不過有些人善於控制自己的情緒，以合理的方式表達出來，而另一些人不善於表達和抒發情緒，要麼一味逃避和壓抑，要麼被情緒壓垮，以不合理的方式宣洩出來。

因此，當我們發現員工出現這類情緒性問題時，絕對不要以粗暴或嚴厲的方式，勒令員工趕快改正，因為這不僅無法改變消極的工作態度，反而會使情況變得更糟。

這時候，強迫員工參加時間管理培訓，也是不切實際的。所謂「心病還得心藥醫」，麥肯錫鼓勵員工面對現狀，建立積極的思維模式，趕走負面情緒，促進愉快的正面心態，改變消極的狀態。

而且，麥肯錫總是告訴員工，這非常值得花時間訓練，因為簡直就是一舉數得，既能引發積極的工作情緒，徹底改變拖延，又能建立樂觀與健康的心態，過著更幸福的生活。這正是麥肯錫時間管理術的精髓。

想要培養積極的思維模式，麥肯錫建議採取以下三個步驟：

第一步：審視內心感受、接納衝突

既然工作不夠高效的原因是內心的負面情緒，那麼光靠意志力或外在獎懲等形式強迫自己改變，並非對症下藥的良方。相反地，安靜傾聽內心的聲音，找出情緒感受，接納自己的負面情緒，才是徹底改善工作狀態的第一步。

接納是解決一切內心衝突的基礎，是一種平和、寬容及舒緩的狀態。當我們將內心調整到這個狀態時，任何負面情緒都會隨著消失。舉例來說，當我們察覺自己正在拖延時，可以試著靜坐幾分鐘，關注內心的感受，並問自己：「此刻內心有什麼感受？這樣下去OK嗎？」

如果勇敢面對自己的真實感受，且內心足夠安靜，就會聽見內心有兩個不同的聲音，也許一個聲音說：「我討厭老闆如此苛刻地對待我，他不值得我全力以赴」，另一個聲音說：「這樣消極的狀態對我沒有任何好處，要麼對老闆表達自己的憤怒，要麼選擇寬容，繼續做好自己的工作。若實在無法解決，還可以辭職。」

當我們傾聽內心產生衝突的聲音時，就可以明白為什麼工作狀態會非常不穩定，因為內心一直處於這種衝突當中。此時，**過分苛責自己的憤怒情緒是毫無意義的行為，正確的態度應該是好好關注並接納它**。

接納並不是要全然服從憤怒，和老闆大吵一架，把辭呈丟在他面前，而是要細細感受憤怒，告訴自己：「我允許自己憤怒」，因為被不公平地對待時，產生憤怒是人類的本能。

唯有這樣，我們才能全然地接納自己的感受，使憤怒情緒逐漸消失。其實，感受無論多麼強烈都只是短暫的，我們的憤怒之所以不斷持續擴張，是因為我們一直壓抑它。當我們放下一切，專心關注它，它將會消失，此時我們的內心便會重新恢復平靜。

第二步：重建積極的思維模式

我們接納衝突後，內心會趨於平靜。但是，如果不繼續鍛鍊自己的思維模式，最終依然會做出消極的選擇。

心理學家佛洛伊德（Sigmund Freud）以「馬和車夫」，比喻人們內心的衝突，其中馬代表衝動，車夫代表理智。馬以「感受」為基本行為準則，感覺路途坦蕩就快速奔去，感覺顛簸不已就止步不前。車夫則是以「理智」為行為準則，即使當下正在洶湧的激流中，車夫也知道馬上就能上岸，必須堅持下去。

我們從這個比喻很容易就能看出，使用消極思維模式的人是馬的力量佔上風，使用積極思維模式的人則是車夫的力量佔上風。因此，我們應該著重於增強理智的力量，也就是車夫的力量。一般而言，只要從長遠的角度，來衡量衝動與理智各自帶來的長期和短期利益，就能自然地傾向理智。也就是說，我們要以理智為主、感受為輔。

假設一個人因為過度肥胖而需要減肥，但他一直沒有付諸行動，無法拒絕美食的誘惑。他可以將「繼續拖延」和「立刻行動」各自帶來的利益列表，加以觀察並做出合理判斷（如圖19）。

透過上述分析，我們可以輕易地讓車夫抓緊韁繩，增強自我的控制能力。當然，這需要在日常生活中不斷實踐，一點一滴累積，才能重新建立積極的思維模式。

圖19　繼續拖延 vs 立刻行動，差別在於……

繼續拖延的短期利益和長期利益	
短期利益	盡情享受美食
長期利益	無，體重只會繼續增加

立刻行動的短期利益和長期利益	
短期利益	朝健康邁進扎實的第一步
長期利益	體重減輕、身體更健康、外形加分、增強毅力、降低壓力

第三步：增強對不適感受的耐力

當我們運用積極的思維模式，以理智來做選擇時，會發現自己的工作狀態大幅改善。同時，我們還得增強對不適感受的耐力，因為這種不適感受是引發負面情緒的導火線。一個人對不適感受的耐力越強，越不易產生負面情緒，相反地，耐力較弱的人遇到一丁點的狀況，都有可能氣得暴跳如雷。

想增強自己的耐力，不妨從以下兩個重點開始：

1. 仔細尋找不適感：有時，一項不想面對的工作會引發焦慮。這時往往考驗人心，有些人能安然忍受這一切，有些人則無法面對。當我們被這種不適感困住，進而將其他的負面情緒與矛盾堆疊在一起時，會讓自己像顆氣球一樣被撐破，最終往往會情緒失控。

因此，當我們察覺自己的不適感時，不要刻意回避，也不要完全被牽著鼻子走。我們可以仔細審視它，並好好關心自己，例如：「我到底是哪裡感覺不適？該如何描述這種不適感？它是從什麼時候開始？」

我們也可以一邊關注自己的感受，一邊計時。當我們這麼做，會發現不適感漸漸消失。既然如此，又何必感到恐懼呢？

2. 激發積極情緒，分散不適感的注意力：有時候，我們越想擺脫負面感受，就會越擺脫不掉，不如換一種想法，引發自己的積極情緒。因為當人處於黑暗時，最好的辦法不是與黑暗作對，而是將陽光引領進來。

透過在腦中模擬各種愉快的場景，很快就能產生積極正向的情緒，分散對於不適感的注意力。舉例來說，我們回憶從前的某個歡樂派對，朋友們在又笑又鬧時，不小心把某人推進泳池，當他被拉上來時，衣服都褪色了。或者可以回想，跟家人在海邊度假時，老公和孩子在沙灘給你安排一個大驚喜，那一刻你覺得自己被家人深愛著，肯定是全世界最幸福的人。

以上的美好經歷還有很多，每個人在自己的人生中，都會經歷這種難忘的一幕，而這就是生活的美好之處。

麥肯錫時間分配好習慣

在麥肯錫的時間管理中，控制負面情緒、激發積極思維，可說是最難卻效用最大的，因為控制情緒不僅屬於時間管理，更是自我管理的一部分。

相信你看完本書後，也會有能力經營好自己的工作和生活。畢竟，「有道無術，術尚可求也」，積極且正面的心態是一個人最重要的成功之道。

【學無止境原則】充實技能是提升效率的王道

真正具備時間管理能力的人，也都具有較強的學習力，因為**持續學習能讓專業技能不斷增加，進而大幅提高工作效率**。在這個資訊化時代，知識的更新速度逐漸提升，唯有像海綿一般，擁有不斷學習的毅力與能力，才能跟上時代。否則，知識只會越來越落伍，完成一項工作所需的時間也會越來越長，品質也越來越差。

IBM花錢培訓員工，提倡學無止境

一個人的學習力等同於工作效率。世界各大企業非常注重培養和激發員工的

學習力，就是因為他們深諳「員工學習力是企業最佳生產力」的道理。

「學無止境」是ＩＢＭ的至高原則之一。他們不僅要求員工，也不惜花力氣提供學習環境。每年ＩＢＭ都會專門提撥十幾億美元的資金，用於培訓員工。如果某個員工加入集中培訓課程，將會體驗到既充實又嚴格的魔鬼訓練。

在培訓過程中，學員每天都要從早上八點，一直集體學習到晚上六點，中間穿插著各類課程。六點之後，學員也不能完全放鬆，還得自己擠出時間完成當天的作業。

除了理論學習之外，公司還為他們安排實戰學習，其中包含「銷售」這門課。在這門需要實際演練的課程中，他們將會經歷社會的冷酷、變化莫測和激烈競爭。這樣的培訓非常艱苦，但每一位學員幾乎都能咬牙堅持，而且在短時間內取得進步。這種不惜血本的培訓，不是每個公司都能提供。

針對4範圍，增加自我能力

即使你所在的公司不能像麥肯錫、IBM一樣，為員工定期提供各類培訓機會，但你可以為自己充電。畢竟，在現代社會中，各類在職學習的培訓已經非常成熟且豐富，而且有越來越多的年輕上班族，熱衷於參加在職培訓。

對職場人士來說，**想要不斷提高自己的工作效能，既需要持續學習和加強專業技能，還需要提升時間管理能力**。由於每個人的實際情況不同，選擇的學習內容也會不一樣。一般而言，在職人士的學習範圍包括以下四個重點：

1 工作需要的知識與技能

每個人在學校時期，都曾經歷有系統的專業學習，但是進入職場後，很多人會發現，自己依然在專業知識和技能上有待加強。此時，就必須針對工作所需的知識與技能，進行自我學習。

「小琳大學就讀俄文系，畢業後進入一家服裝貿易公司，負責行政工作，內容主要是客戶接待與出口業務等等。她因為經常需要接待來自俄羅斯的客戶，發現自己的俄文能力嚴重不足，無法和客戶好好溝通與交流。

於是，小琳利用工作之餘，報名在公司附近的俄文商務口語培訓班。

經過一段時間的學習，她的口語能力受到越來越多客戶的表揚。」

2 能幫助晉升的學習內容

假如某項知識與技能暫時用不到，但有助於晉升，我們應該提早計畫。而且，在確認自己的晉升之後，如果某項培訓很實用，應該立刻報名參加。

「小李是一家專利代理公司的員工，負責撰寫化學與製藥相關的專利申請文件。他善於學習又眼明手快，很快便掌握石油及生物相關知識，大幅拓寬他的工作範圍。

後來，小李對於只撰寫專利申請文件感到不滿足，希望能好好提升職涯前景，於是透過自學，準備報考國家司法考試。

雖然這項考試暫時派不上用場，但是幾年後，當他透過工作經驗累積大量的專利知識，轉而專心學習訴訟法時，成功承接了各類專利訴訟的法律案件，成為優秀的專利訴訟律師。

3 自己感興趣的知識

隨著網路資訊的普及，我們可以輕鬆地搜尋自己感興趣的培訓課程，而且課程五花八門，只要我們有興趣，網路上一定都能找到。工作之餘，如果還有閒暇時間，可以重新拾起兒時的夢想。說不定，一位新生代畫家將會從此誕生。

4 善用公司的現有資源

假如你所屬的公司恰好有資源可供使用，那就近水樓臺先得月，好好利用這些資源。說不定，這也能為你日後的職涯規劃增加籌碼。

小文畢業於行政管理學系，進入一家心理諮商機構，擔任辦公室管理工作，負責維護諮商室的業務運轉。

後來，小文對心理諮商產生濃厚興趣，恰好公司為實習生提供培訓和實習機會。小文在做好本職工作的同時，利用公司資源，學習心理諮商的知識。後來，她成功轉型為心理諮商師。

在我們根據上述內容，選擇自己想學習的課程之後，該如何提升並發揮自己的學習力？以下將提供五個訣竅，幫助你有效激發學習力（見圖20）。

①**確定學習目標**：我們可以根據自己的人生規劃，設立明確的學習目標，包括長期、中期及短期目標。唯有明確自己的目標，才有學習的動力與方向。

②**合理安排學習計畫**：不管多麼想一步登天，學習並非一朝一夕的事，更何況我們還有工作在身，只能利用工作之餘學習，因此必須制訂一個合理

圖20　用 5 訣竅大幅激發你的學習力

1 **確定學習目標**

包含長期、中期與短期目標

2 **合理安排學習計畫**

不要將計畫安排得過於緊繃

3 **自我思考和總結**

要主動思考並吸收

4 **實踐學到的知識**

尋找學以致用的機會

5 **加入團隊，共同學習**

互相鼓勵會更有動力

且長遠的學習計畫。制定學習計畫的訣竅是「細水長流」而非「短期突擊」，不要將計畫安排得太緊繃，而是以少量、持久為宜。

③**自我思考和總結**：生活中我們也會發現，某項培訓剛開始人滿為患，到最後卻寥寥無幾，能堅持到最後的總是少數。大部分的人之所以不能善始善終，主要原因是盲目跟風，學習過程中缺少自我思考和總結的能力。這種不用心的學習除了浪費時間和金錢之外，更不會讓自己進步。

④**實踐學到的知識**：想將知識轉變為自己的一部分，最好的方式就是實踐。如果我們已學會一門知識和技巧，千萬不要將它束之高閣而不用，因為時間一長，或許就會還給老師了。所以，趕快尋找學以致用的機會吧。這麼做既能加強自己對知識的掌握和內化，還能幫助身邊的人或所屬的公司。

⑤**加入團隊，共同學習**：自學的人越來越多，他們透過各種方式組織學習團隊，每天都以打卡的形式彙報進度、交流學習心得，並相互鼓勵與督促。在這種熱情且濃厚的氣氛中，學習動力也能保持長久。

除了專業知識和技能之外，我們還可以學習時間管理技巧，來提升工作效率。需要提醒的是，在學習時間管理術時，不要盲目跟風，而要根據自己的實際情況，選擇合適的內容。一般來說，可以根據自己的性格與工作風格等因素來選擇課程。

舉例來說，如果你是理性的人，可以選擇較明確、簡單的管理術，像是番茄工作法。假如你是感性的人，或許不太適合刻板的方式，可以選擇靈活的管理術，像是思維導圖。

最後要記住一點：不管我們選擇哪一種時間管理術，在具體的實踐過程中，都要根據自己的實際情況進行調整。畢竟，這些方法再怎麼精妙，也只是工具，而真正能創造效能的只有你自己。

重點整理

- 想治好拖延症，達成「今日事，今日畢」，你需要在早上進入辦公室時，先行動而非做準備。如果遲遲不肯行動，可以設定一個簡單的目標。
- 為了高效使用零碎時間，可以主動利用通勤時間、尋找一心多用的方式、在固定的時間做固定的事，以及節省通勤時間。
- 「一次原則」：養成第一次就將事情做好的習慣，可以節省回頭重複工作的時間。
- 當感覺疲憊時，就應該適當地休息。如果想平衡工作與休息，建議使用番茄工作法，工作二十五分鐘就休息五分鐘。
- 負面情緒會影響工作效率，我們可以審視自己的感受並接納衝突，重建積極的思維模式，增強不適感受的耐力。

- 「學無止境原則」：持續學習可以不斷增加技能，提高工作效率。職場人士可以選擇加強工作所需的知識與技能，或是能幫助晉升的學習內容。工作之餘若還有時間，可以學習自己感興趣的知識。

Note 我的時間筆記

國家圖書館出版品預行編目(CIP)資料

麥肯錫時間分配好習慣：20 張圖、8 個原則，讓你每一分鐘都比別人有效率！/ 李志洪著
–第二版. -- 新北市：大樂文化有限公司, 2024.06
224面；14.8×21公分 . --（Smart；126）

ISBN 978-626-7422-24-3（平裝）
1. 時間管理　2. 工作效率　3. 職場成功法
494.01　113004448

Smart 126

麥肯錫時間分配好習慣（熱銷再版）

20 張圖、8 個原則，讓你每一分鐘都比別人有效率！

（原書名：麥肯錫時間分配好習慣）

作　　者／李志洪
封面設計／蕭壽佳、蔡育涵
內頁排版／楊思思
責任編輯／張巧臻
主　　編／皮海屏
發行專員／張紜蓁
發行主任／鄭羽希
財務經理／陳碧蘭
發行經理／高世權
總編輯、總經理／蔡連壽
出 版 者／大樂文化有限公司（優渥誌）
地址：220 新北市板橋區文化路一段 268 號 18 樓 之 1
電話：（02）2258-3656
傳真：（02）2258-3660
詢問購書相關資訊請洽：2258-3656
郵政劃撥帳號／50211045　戶名／大樂文化有限公司

香港發行／豐達出版發行有限公司
地址：香港柴灣永泰道 70 號柴灣工業城 2 期 1805 室
電話：852-2172 6513　傳真：852-2172 4355

法律顧問／第一國際法律事務所余淑杏律師
印　　刷／韋懋實業有限公司

出版日期／2021 年 03 月 15 日 第一版
2024 年 06 月 21 日 第二版
定　　價／280 元（缺頁或損毀的書，請寄回更換）
I S B N　978-626-7422-24-3

大樂文化